Computer Composition
Principle and Application

计算机组成
原理及应用

邓蕾蕾 著

U0226132

经济管理出版社
ECONOMY & MANAGEMENT PUBLISHING HOUSE

图书在版编目（CIP）数据

计算机组成原理及应用/邓蕾蕾著 . —北京：经济管理出版社，2019.8
ISBN 978 - 7 - 5096 - 6701 - 9

Ⅰ.①计…　Ⅱ.①邓…　Ⅲ.①计算机组成原理—高等学校—教材　Ⅳ.①TP301

中国版本图书馆 CIP 数据核字（2019）第 125924 号

组稿编辑：杨国强
责任编辑：杨国强　张瑞军
责任印制：黄章平
责任校对：陈　颖

出版发行：经济管理出版社
　　　　　（北京市海淀区北蜂窝 8 号中雅大厦 A 座 11 层　100038）
网　　　址：www. E - mp. com. cn
电　　　话：（010）51915602
印　　　刷：北京虎彩文化传播有限公司
经　　　销：新华书店
开　　　本：720mm × 1000mm/16
印　　　张：15.75
字　　　数：291 千字
版　　　次：2019 年 9 月第 1 版　　2019 年 9 月第 1 次印刷
书　　　号：ISBN 978 - 7 - 5096 - 6701 - 9
定　　　价：78.00 元

前　言

"计算机组成与结构"课程是计算机科学与技术专业的核心主干课程，具有理论性强、知识涵盖面广、更新快、与其他计算机课程联系紧密等特点。本书从计算机的组成与结构出发，注重以知识为主体向以能力为主体的转变，培养学生的综合分析和应用能力。根据教材的特色和教学的实用性，结合重点和难点，系统地介绍了组成计算机硬件系统及结构、逻辑实现、各部分相互连接构成整机系统的工作原理及设计方法。全书共9章。第1章概述中讲述计算机系统的基本组成、层次结构、计算机硬件系统组织和计算机发展；第2章计算机常用的基本逻辑部件讲述计算机常用逻辑部件的组成与工作原理；第3章计算机的运算方法与运算器讲述计算机的信息表示方法、运算方法和运算器组织；第4章主存储器介绍存储的组成、存储器系统的工作原理和组织；第5章指令系统介绍指令格式、指令设置、寻址方式和指令的执行控制方法；第6章中央处理器及工作原理讨论CPU的组成、时序信号的产生与控制方式、微程序控制器原理与设计方法；第7章外围设备介绍了基本输入输出设备的组成及工作原理和辅助存储器等内容；第8章输入输出系统主要介绍了输入输出设备的工作与控制方式；第9章总线系统讲述了总线的结构、信息传送方式、总线接口与仲裁。

本书在编写工程中，参考了一些国内外优秀教材和相关资料，经济管理出版社的编辑也提出了许多宝贵意见，并给予了大力支持，在此表示诚挚的谢意！

本书在编写过程中遵循概念清晰、通俗易懂、表述正确、便于自学的理念，力求读者通过本书的学习，能够全面地理解和掌握"计算机组成与结构"课程。但由于编者水平有限，书中出现不妥和疏漏之处，恳请读者批评指正，编者不胜感激。

目　录

第1章 概 述

了解：计算机的发展历史；计算机的应用领域；计算机的发展趋势和网络知识。

理解：计算机系统的层次结构及各部件之间的关系。

掌握：掌握计算机的定义、分类和功能；计算机硬件和软件系统的组成；计算机各部件的工作原理与作用。

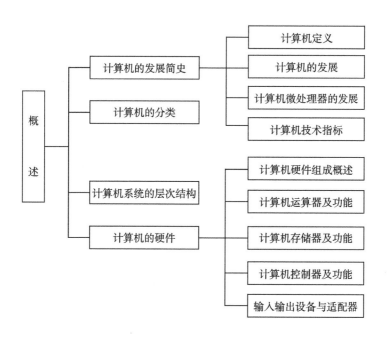

图1.1 计算机知识概述结构图

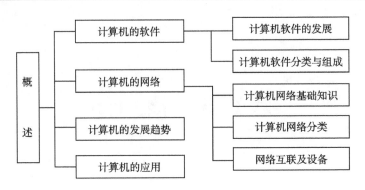

图1.1　计算机知识概述结构图（续图）

未来计算机的无处不在

随着IT业的迅速发展，世界正经历着全面的"可移动化"过程，从计算机、笔记本、手机、MP3再到GPS定位，我们都可以把它们轻松地放入口袋随身携带。计算机正改变着人们的生活方式和习惯，信息量的即时获取是现代人生存和生活的资本，便携高效的计算机将成为人们的首选配备。在未来，轻巧便携的计算机将是IT市场中的主流产品，也是可移动化产品的主导，更是人们所追求高效生活的主要日常必备之一。

计算机是20世纪40年代人类最伟大的发明和创造之一。多年来，计算机技术的发展和应用，已经在世界的各个领域蓬勃发展，并对人类生活带来了非常巨大的影响和作用。《计算机组成与结构》课程的重要目的之一，就是要牢固地建立起计算机系统的整机概念，充分理解计算机硬件系统的各组成部件的结构、作用、设计方法以及它们之间的相互联系，从而较为系统全面地掌握计算机系统结构的组成及工作原理，为读者以后各章学习建立一个总体概念是本章的目的。

1.1　计算机的发展简史

随着生产力和社会的进步与发展，人类用于计算的工具经历了从简单到复杂，从低级到高级的发展过程。计算机最初也只是作为一种现代化的计算工具而问世的，它是人类生产实践和科学技术发展的必然产物。

1.1.1　计算机的定义

计算机是一种能自动、高速、精确完成大量算术运算、逻辑运算、信息处理的数字化电子设备。计算机是一种现代化的信息处理工具，更具体地说是一种能对数字化信息进行自动高速运算的通用处理装置。

1.1.2　计算机的发展

自 1946 年的第一台电子数字计算机诞生以来，计算机的发展以计算机硬件的逻辑元器件为标志，大致经历了电子管、晶体管、中小规模集成电路、大规模和超大规模集成电路等发展阶段。

按照电子元器件变化的角度和冯·诺依曼体系结构，自 1946 年第一台电子数字计算机问世以来，其发展已经经历了四代。目前，第五代和第六代计算机的研制正在进行之中。计算机发展速度之快、应用范围之广、对科技的进步和社会发展带来了惊人的变化。

1.1.2.1　第一代计算机

1946～1957 年电子管数字计算机时代，其运算速度每秒只有几千次到几万次。

世界上第一台电子数字计算机"埃尼阿克"（ENIAC），是主要应用于科学计算的专用机。虽然这台电子管数字计算机体积大、功耗大、价格昂贵、可靠性差、计算程序还需要通过"外接"的线路来实现等，但它是最早诞生的一台电子数字计算机，是现代计算机的始祖。它的体系结构和程序设计思想为以后计算机的高速发展奠定了科学基础。1958 年我国第一台通用数字电子计算机——M103 诞生，该机运行速度每秒 1500 次，字长 31 位，内存容量为 1024 字节。经改进，配置了磁心存储器后，计算机的运算速度提高到每秒 1800 次。这台计算机的诞生，凝聚了我国无数科研人员的心血，是中国第一台电子管专用数字计算机。

1.1.2.2　第二代计算机

1958～1964 年的晶体管数字计算机时代。计算机运算速度每秒几万到几十万次。

这一代计算机除了逻辑元件采用晶体管以外，其内存储器由磁芯构成，同时采用磁带或磁盘作为辅助存储器；并提出了变址、中断、输入输出处理等新概念。晶体管数字计算机的研制成功使软件的发展也有了很大的进步，出现了多种用途的操作系统和各种高级语言，并出现了机器内部的管理程序。第二代计算机除了大量用于科学计算和数据处理外，还逐渐被工商企业用来进行商务和各种事务处理，并开始用于工业控制，也为开发第三代计算机打下了良好的基础，促进了计算机工业的迅速发展。1963 年，我国第一台大型晶体管计算机 109 机研制成功。1964 年，哈尔滨军事工程学院，即国防科技大学前身的 441B 全晶体管计算机也研制成功，标志着我国的计算机也进入到了第二个发展阶段，这是我国计算机发展的一个里程碑式的突破。

1.1.2.3 第三代计算机

1965～1970 年中小规模集成电路的时代。计算机的运算速度每秒几百万到几千万次。

计算机的逻辑元件采用中、小规模集成电路，用半导体存储器代替磁芯存储器，采用流水线、多道程序和并行处理技术。计算机的主要特点是体积更小、速度快、精度高、功能强、成本进一步下降，这是微电子与计算机技术相结合的一大突破。在此期间软件逐渐完善，向系列化、多样化发展，分时操作系统、会话式语言等多种高级语言已经出现，并提出了模块化与结构化程序设计的思想。计算机品种也开始向多样化、系列化发展。

1.1.2.4 第四代计算机

1971～1982 年，大规模及超大规模集成电路的数字计算机时代。计算机的运算速度每秒几千万次到上亿次。

第四代计算机是大规模集成电路高速发展之后的产物，是前三代机的扩展和延伸。该时代计算机的主要特点是速度更快、集成度更高、软件丰富、有通信功能、硬件和软件的技术日益完善并密切配合，计算速度每秒千万次/亿次以上。计算机的体系结构也开始以分布式处理来组织系统，计算机操作系统更加完善。在语音、多媒体技术、图像处理、计算机网络以及人工智能等方面取得了很大发展。同时大、中型机、超小型机、智能模拟、软件工程等都有了新的飞跃。应用开始进入尖端科学、军事工程、空间技术和大型事务处理等社会生活的各个领域。计算机发展到第四代，出现了一个重要的分支，那便是个人电脑的出现。随着大规模集成电路的发展，20 世纪 70 年代计算机开始向微型化方向发展。

这个时期计算机出现了双核和多核处理器，又增加了智能电源管理（Intel Intelligent Power Capability）、宽动态指令执行（Intel WideDynamic）、智能缓存技术（Intel AdcancedSmart Cache）、智能缓存加速（Intel Smart Memoru Acess）及高级数字媒体增强（Intel Ad‐vanced Digital Media Boost）五项重要改革。此时，大型机计算机和超大型计算机的研究和应用也已经出现了突破性进展。我国先后研究成功曙光系列、银河系列和天河系列等超级计算机，标志着中国成为世界上少数几个能研制和生产大规模并行计算机系统的国家之一。2010 年 11 月 16 日，最新全球超级计算机 500 强排行榜在美国路易斯安那州新奥尔良会议中心揭晓，中国"天河一号"以每秒 2570 万亿次的运算速度全球排名第一，成为世界运算最快超级计算机，这更标志着中国的超级计算器综合技术水准进入世界领先行列。

第四代机时期的另一个重要特点之一就是计算机网络的发展与广泛应用。进入 20 世纪 90 年代以来，由于计算机技术与通信技术的高速发展与密切结合，掀起了网络热。大量的计算机连入到不同规模的网络中，通过 Internet 与世界各地的计算机互联，大大扩展和加速了信息的流通，增强了社会的协调与合作能力，使计算机的应用方式也由个人计算向分布式和群集式计算发展。因此，有人曾经这样说过"计算机就是网络，网络就是计算机"。我国研制的每秒 2570 万亿次的中国天河一号超级计算机如图 1.2 所示。

图 1.2　2010 年我国研制的每秒 2570 万亿次的中国天河一号超级计算机

1.1.2.5　第五代计算机

20 世纪 80 年代初，日本政府制订了一项第五代计算机系统研究计划（1982～1992 年），该计划从一开始就以研究开发创新的并行推理实现技术为目的，并以逻辑程序设计语言为推理机的核心语言。日本经过 10 年努力，取得了一些阶段性成果，于 1992 年 10 月宣告该计划结束。在这一研究中，计算机基本结构也试图突破冯·诺依曼结构体系，使其更具智能化。虽然该计划的研究方向并不反映当代计算机技术的主要发展方向，也没有直接促进计算机的更新换代，但对计算机进一步的研究与发展做了大量的工作，也为推动人工智能、并行推理技术的发展起了积极作用。目前，对什么是第五代计算机的看法和定义还不完全一致。由于前面讲到的以元器件的更新换代作为计算机划时代的标志，因此大规模、超大规模、甚大规模，甚至极大规模集成电路组成的计算机，它们仍是硅材料组成的半导体器件，且计算机基本结构也仍然遵循冯·诺依曼结构体系，人们仍习惯地称它们为第四代计算机。实际上，就目前看，第五代计算机世界各国仍处于研究和努力实践中。

1.1.2.6 关于第六代计算机

一些制订计划的科学家认为，如第五代计算机是人工智能计算机，它将是综合了计算机科学和控制论而发展的一门新技术，它能模拟人脑的智能，如识别图形、语言、物体等，它将对社会的发展带来不可估量的影响。科学家们也敏感地意识到，目前作为计算机核心元件的集成电路的制造工艺很快将达到极限。多年来，人们在不断努力与探索，以寻找速度更快、功能更强的全新的元器件来研究制造计算机。如神经元、生物芯片、分子电子器件、超导计算机、量子计算机等。这些计算机可以模拟人的大脑思维、可同时并行处理大量实时变化的数据、运用生物工程技术以蛋白分子作芯片、用光作为信息载体完成对信息的处理等，可制作出具有像人一样的听、看、想、说、写，具有某些情感、智力等强大功能，体积更小，存储量更大，智能化更强的计算机产品。这方面的研究工作已取得了一些重要成果。所以，我们相信不久的将来，真正的生物、光、神经、量子、DNA 等新一代计算机一定会出现并得到普及应用，也将会大放光彩。

案例分析：请结合智能计算机的发展，说明智能计算机在实际生活中的应用案例。

1.1.3 计算机微处理器的发展

微型计算机是第四代计算机的典型代表。构成微型机的核心部件是微处理器 MPU（Micro Processor Unit），也叫中央处理单元 CPU（Central Processing Unit）或中央处理器。60 多年来微处理器和微机的发展非常迅速，几乎每两年微处理器的集成度和性能就提高一倍，随着微处理器的发展，微型计算机几乎每隔 3～4 年就会更新换代一次。

从 1971 年由 Intel 公司研制的全球第一款 4004 微处理器，到 1995 年 Intel 公司推出已经是第六代的 32 位微处理器（奔腾，P6）、1999 年 2 月 Intel 公司发布 Pentium Ⅲ（奔腾三代），它们都采用 P6 的核心技术，属于 32 位微处理器，性能得到了进一步增强。2006 年 1 月，Intel 公司发布了 Pentium D 9xx 系列处理器。

Intel Sandy Bridge 处理器 SNB（Sandy Bridge），是 Intel 在 2011 年初发布的新一代处理器微架构，重新定义了"整合平台"的概念，与处理器"无缝融合"的"核芯显卡"终结了"集成显卡"的时代。此外，第二代酷睿还加入了全新的高清视频处理单元。由于高清视频处理单元的加入，新一代酷睿处理器的视频处理时间比老款处理器至少提升了少 30%。

上面主要从 Intel 公司的微处理器的发展变化来描述计算机微处理器的更新换代。实际上，计算机微处理器的生产除了 Intel 公司外，还有 AMD、Motorola、IBM、IDT 都生产 CPU，但目前 Intel 和 AMD 的 CPU 在计算机领域应用占主流，

IBM 在服务器领域较多，Motorola 在手机领域和服务器领域常见。目前更先进的微处理器还在不断地推出。

1.1.4 计算机技术指标

一台电子计算机技术性能的好坏，不是根据一两项技术指标就能得出结论的，也不是由它的系统结构、硬件系统、指令系统、软件是否丰富外以及外部设备的配置情况等多方面因素决定的。对于大多数普通用户来说，可以从以下几个指标来大体评价衡量计算机的性能：

1.1.4.1 时钟频率（主频）

主频是指 CPU 的时钟频率。它的高低在一定程度上决定了计算机速度的快慢。主频以兆赫兹（MHz）为单位，一般说来，主频越高，计算机的运算速度也越快。由于微处理器发展迅速，微机的主频也在不断提高。如 80486 为 25 ~ 100 MHz，80586 为 75 ~ 266 MHz，"奔腾"（Pentium）处理器的主频目前已超过 2GHz。

1.1.4.2 基本字长

字长是指微型计算机能直接处理的二进制信息的位数。字长是由 CPU 内部的寄存器、加法器和数据总线的位数决定的，因而直接影响着硬件的代价，字长也意味着计算机处理信息的精度。字长越长，速度越快，精度和价格也越高。早期的微型计算机的字长一般是 8 位和 16 位。目前 586（Pentium，Pentium Pro，PentiumⅡ，PentiumⅢ，Pentium 4）大多是 32 位，现在的大多高档微机的字长是 64 位。

1.1.4.3 运算速度

运算速度是指计算机每秒钟能执行的指令条数，是衡量计算机性能的一项重要指标。通常所说的计算机运算速度是指平均运算速度。运算速度的单位一般用 MIPS（Million Instruction Per Second）表示，读作次每秒或百万次每秒（1 秒内可以执行 100 万条指令）。同一台计算机，执行不同的运算所需时间可能不同，因而对运算速度的描述常采用如下三种方法：第一种是根据不同类型指令出现的频繁程度乘上不同的系数，求得统计平均值，这时所指的运算速度是平均运算速度；第二种是以执行时间最短的指令为标准来计算运算速度；第三种是直接给出每条指令的实际执行时间和机器的主振频率。

1.1.4.4 存储容量

（1）内存容量：指内存储器能够存储信息的总字节数。在以字节为单位时，约定以 8 位二进制代码为一个字节（Byte，缩写为 B）。内存储器是 CPU 可以直接访问的存储器，需要执行的程序与需要处理的数据就是存放在主存中的。习惯上将 1024B 表示为 1KB，1024KB 为 1MB，1024MB 为 1GB，1024GB 为 1TB。内存容量的大小反映了计算机存储程序和处理数据能力的大小，内存容量越大，运行速度越快，系统功能就越强，能处理的数据量就越庞大。

（2）外存容量：是指外存储器所能容纳的总字节数。外存储器容量通常是指硬盘容量（包括内置硬盘和移动硬盘）。外存储器容量越大，可存储的信息就越多，可安装的应用软件越丰富。

1.1.4.5　存取速度

存储器完成一次读/写操作所需的时间称为存储器的存取时间或访问时间。存储器连续进行读/写操作所允许的最短时间间隔，称为存取周期。存取周期越短，则存取速度越快，它是反映存储器性能的一个重要参数。通常，存取速度的快慢决定了运算速度的快慢。半导体存储器的存取周期约在几十到几百微秒之间。

1.2　计算机的分类

科学的发展使得不同类型的计算机进入了人类生活的各个领域。长期以来，我国计算机界从不同的角度对计算机有不同的分类方法。

1.2.1　按计算机的用途分类

按计算机的用途可分为专用计算机和通用计算机。专用和通用是根据计算机的效率、速度、价格、运行的经济性和适应性来划分的。

1.2.1.1　专用计算机

专用计算机一般是专为解决某些特定问题而设计的计算机，计算机的功能较为单一，产量低，价格高，因此可靠性强，如教育系统、银行系统的计算机，军事系统的某些计算机等。专用机是最有效、最经济和最快速的计算机，但它的适应性很差。

1.2.1.2　通用计算机

通用计算机根据不同的计算机系统配有一定的存储容量和数量的外围设备，也配有多种系统软件，如数据库管理系统、操作系统等。这种计算机通用性强，功能全。我们课程所讲的计算机就是指通用计算机。通用计算机适应性很强，但牺牲了效率、速度和经济性。

1.2.2　按信息处理方式与形式分类

1.2.2.1　模拟计算机

在模拟计算机中进行处理和运算的信息是连续变化的物理量。如声音、温度、压力、距离等。模拟计算机的运算速度极快，但精度不够高，且每做一次运算需要重新编排和设计线路，故信息存储困难，且通用性不强。这种计算机主要用于自动控制模拟系统的连续变化过或求解数学方程。由于电子模拟计算机精度和解题能力都有限，所以应用范围较小，加之数字计算机速度有了很大提高，模拟计算机的应用越来越让位于数字计算机。

1.2.2.2 数字计算机

在数字计算机中，信息处理的形式是用二进制运算，以离散化的数字量进行处理和运算，其特点是便于存储信息，解题精度高，是通用性很强的计算工具，能胜任过程控制、科学计算、数据处理、计算机辅助制造、计算机辅助设计以及人工智能等方面的工作。数字计算机则与模拟计算机不同，它是以近似于人类的"思维过程"来进行工作的，所以有人把它叫作电脑。通常习惯上所称的电子计算机，一般是指现在广泛应用的电子数字计算机。本书中介绍的也是数字计算机。

1.2.2.3 混合电子计算机

混合电子计算机是综合既有数字量又有模拟量的两种计算机的优点，既能高速运算，又便于存储，但这种计算机设计困难，通用性不强，一般也是为解决某一问题而设计与制造的，所以造价昂贵。

1.2.3 按计算机规模分类

计算机按规模的这种划分综合了计算机的体积大小、简易程度、功率损耗、数据形式、存储容景、运算速度、指令字长、输入和输出能力、指令系统规模和机器价格等性能指标。一般来说，巨型机结构复杂，存储量大，运算速度快，但价格昂贵。介于巨型机和单片机之间的是大型机、中型机、小型机和微型机，它们的结构规模和性能指标依次递减。

1.2.3.1 巨型计算机

巨型机是计算机族中体积最大、速度最快、性能最高、技术最复杂、价格也是最贵的一类计算机称为巨型机，也称超级计算机。它主要用于解决大型机难以解决的复杂问题。我国研制成功的银河系列、曙光系列、天河系列的计算机都属于巨型机，它们对尖端科学、战略武器、社会及经济等领域的研究都具有重要的意义。

1.2.3.2 小巨型计算机

价格与超级小型机相当，但功能接近巨型机的一类高性能计算机，称为小巨型机。小型计算机对巨型机的高价格发出挑战，其发展非常迅速。一般来说，巨型计算机和小巨型计算机主要用于科学计算，数据存储容量很大，结构复杂，价格昂贵。

但是随着超大规模集成电路的迅速发展，微型机、小型机和中型机彼此之间的概念也在发生变化，因为今天的小型机可能就是明天的微型机，而今天的微型机可能就是明天的单片机。小巨型机也属于针对某一任务设计的专用型机。

1.2.3.3 大型计算机

大型机是指使用当代的先进技术构成的一类高性能、大容量计算机（但性能与价格指标均低于巨型机）。大型机的处理机系统可以是单处理机、多处理机或多个子系统的复合体。一般只有大、中型企、事业单位才可能有财力和人员去配置及管理大型计算机，并以这台大型主机及外部设备为基础建成一个计算中心，统一安排对主机资源的使用。

1.2.3.4 小型计算机

小型机是一种规模与价格均介于大型机与微型机之间的一类计算机。它们都能满足部门性的需求，为中、小企业、事业单位所采用。

1.2.3.5 工作站

工作站是以个人计算环境和分布式网络计算环境为基础，其性能高于微型机的一类多功能计算机。一般工作站的处理功能除了具有很强的处理图形、图像、声音、视频等多媒体信息的能力以外，还有高速的定点和浮点运算能力。它是介于微型机与小型机之间的过渡机种，有比较强的网络通信功能。它主要用于CAD、图像处理等如特殊的专业领域。

1.2.3.6 微型计算机（PC机）

微型机是以微处理器为中央处理器而组成的计算机系统，它是20世纪70年代初随着大规模集成电路的发展而诞生的。个人计算机（PC机）是面向个人或家庭的，它的价格与高档家用电器相仿。在我国大、中、小学校和家庭配置的计算机主要就是微型计算机。

1.2.3.7 亚微型机和微微型机

亚微型机通常是指膝上型、笔记本电脑。微微型机通常是指掌上电脑。

1.2.3.8 单片机和单板机

单片机是指除了外围设备以外的计算机各个部分都集成在一块芯片上。其结构要比通用机简单。目前已经出现了多种型号的单片专用机，用于测试或控制等领域；单板机是指除了外围设备以外的计算机的各个部分都组装在一块线路板上。

各种不同类型的计算机的体积、功能、性能、存储容量、指令系统、价格等参数与对应关系如图1.3所示。

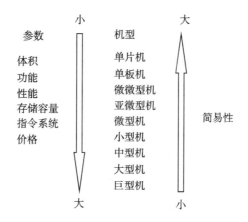

图 1.3 不同类型计算机之间区别对应关系

案例分析：结合生活中你对计算机了解的情况，请分别举例说明你了解的哪些计算机属于巨型机、大型机、小型机、微型机。

1.3 计算机系统的层次结构及特点

计算机系统是包括计算机硬件和软件的一个整体，两者不可分割。计算机以硬件为基础，通过配置软件扩充功能，形成一个可能是处于不同的层次上、相当复杂的有机组合的系统。我们常采用一种层次结构观点对计算机系统进行分析、设计，也就是将计算机系统从不同的角度分为若干级（层次），根据不同的工作需要，选择某一层次去观察分析计算机的组成、性能、工作机理或进行设计。在构造一个完整的系统时，可以分层次地逐级实现，按这种结构化的设计策略实现的系统，易于建造、调试、维护和扩充。从前面的叙述中可看到，尽管计算机更新换代的标志是组成计算机的逻辑元器件，但每一次换代，随着新元器件的推出和计算机性能的大幅提高，计算机的结构都在不断改进，计算机软件也产生了很大的变化。因此，计算机系统的结构十分复杂，它由多级层次结构组成。最底层（0 层）为硬件内核，而第 1，2 层为该机的指令系统以及为实现该指令系统所采用的实现技术的组合逻辑技术、微程序控制技术或 PLA 控制技术，第 3，4 层为系统软件，第 5 层为应用软件，第 6 层是系统分析。当然，这种划分也是相对而言的，它们之间有所不同，见计算机系统层次结构模型图 1.4 所示。

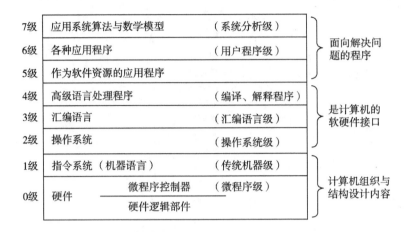

图 1.4　计算机系统层次结构

1.3.1　计算机的层次结构

1.3.1.1　微程序设计级

微程序设计级是由硬件直接实现的，是计算机系统最底层的硬件系统，是用连线连接的各种逻辑部件，由机器硬件直接执行微指令。上面一层是微程序控制器，由它发出命令来控制部件的工作。只有采用微程序设计的计算机系统，才有这一级。如果某一个应用程序直接用微指令来编写，那么可在这一级上运行应用程序。

1.3.1.2　机器语言级

也称为一般机器级，它由微程序解释机器指令系统。这一级也是硬件级，是软件系统和硬件系统之间的纽带。所形成的目标程序是用机器语言描述的，机器语言是计算机硬件可以识别并执行，硬件系统的操作由此级控制，软件系统的各种程序，必须转换成此级的形式才能执行。

1.3.1.3　操作系统级

它由操作系统程序实现。操作系统本身也是一组程序，是由系统程序员用不同语言编写的，经翻译成机器语言后再存入计算机中。操作系统可看作实际机器的扩充，在计算机系统的多级层次结构中占有重要席位，它介于实际机器之上、汇编语言机器级之下。这些操作系统由广义指令和机器指令组成，这一级也称为混合级。

1.3.1.4　汇编语言级

汇编语言级是给程序人员提供一种符号形式的语言，以减少程序编写的复杂性。与机器语言最接近的是汇编语言，它的基本成分是与指令系统一一对应的助记符，这一级由汇编程序支持和执行。如果应用程序采用汇编语言编写，则机器必须要有这一级的功能。如果应用程序不采用汇编语言编写，则这一级可以不要。

1.3.1.5 高级语言级

高级语言是与系统算法、数学模型甚至自然语言接近的语言。在这一范畴内已推出许多种通用的高级程序设计语言。这一级包括 4，5，6 的应用程序、编译、解释程序的高级语言级，是面向用户的，为方便用户编写应用程序而设置的。这一级由各种高级语言编译程序支持和执行，在操作系统的控制之下调用语言处理程序。在输入、编辑、修改、编译、调试源程序的过程中，可能要调用各种有关的软件资源。对某些特定的应用领域或特定用户，也可使用某种专用语言，例如某种 CAD（计算机辅助设计）语言等。

1.3.1.6 系统分析级

用户根据对任务的需求分析，设计算法和构造数学模型。这部分的工作具有相当的分量与深度，所形成的这一系统分析级，由具有较高水平的系统分析员来完成。

计算机系统各层次之间的关系十分紧密，上层是下层的扩展，下层是上层的基础。这是层次结构的一个特点，站在不同的层次观察计算机系统，会得到不同的概念。除第 0 级计算机的电子线路外，其他各级都得到它下层级的支持，同时也受到在下层各级上运行程序的支持。第 1 级到第 3 级编写程序采用的语言，基本是二进制形式的数字化语言，机器执行和解释比较容易。第 4，5，6 级编写程序所采用的语言是符号语言，用英文字母和符号来表示程序，因而便于大多数不了解硬件的人们使用计算机。

应该说明的是，层次划分不是绝对的。机器指令系统级与操作系统级的界面（又称硬件、软件交界面）常常是分不清的，它随着软件硬化和硬件软化而动态变化。

1.3.2 计算机的特点

计算机之所以能在各个领域得到广泛的应用，是由于计算机的特殊性能所决定的，这些特性是其他工具所不具备的。

1.3.2.1 计算机的通用性

计算机处理的信息不仅是数值数据，也可以是非数值数据。数值数据是具有数值多少、数量大小的可以进行算术运算的数据，而非数值数据的内涵十分丰富，没有量的概念，不能进行算数运算的数据，如语言、文字、图形、图像、音乐等，这些信息都能用数字化编码表示。由于计算机具有基本运算和逻辑判断功能。因此，任何复杂的信息处理任务都能分解成基本操作，编制出相应的程序，通过执行程序，进行判断或运算，最终完成处理任务。在计算机上可以配置各种程序，程序越丰富，计算机的通用性越强。

1.3.2.2 计算机的快速性

计算机具有很高的运算速度，这是以往其他一些计算工具无法做到的。电子计算机的快速性基于两方面因素：一是电子计算机采用了高速电子器件，这是快速处理信息的物质基础；二是电子计算机采用了存储程序的设计思想，即将要解决的问题和解决的方法及步骤用指令序列描述的计算过程与原始数据一起，预先存储到计算机中，计算机一旦启动，就能自动地取出一条指令并执行，执行完这条指令后，计算机又自动地执行下一条指令，一条接一条地执行，直至程序执行完毕，得到计算结果为止。此过程不需要人的干预。因此，存储程序技术使电子器件的快速性得到充分发挥。

1.3.2.3 计算机的准确性

计算机运行的准确性主要是由计算方法科学和计算精度高这两方面决定的。由于计算机中的信息采用数字化编码形式，因此，计算精度取决于运算中数的位数，位数越多精度越高。通常计算机将基本的运算位数称为计算机机器字长。对精度要求高的用户，还可提供双倍或多倍字长的计算。计算方法是由程序体现的。一个算法正确且优质的程序，再加上高位数的计算功能，才能确保计算结果的准确性。

1.3.2.4 计算机的逻辑性

计算机的逻辑运算与逻辑判断是计算机的基本功能之一。计算机内部有一个能执行算术逻辑运算的部件，通过算术逻辑运算部件来执行能体现逻辑判断和逻辑运算的程序，使整个系统具有逻辑性。例如，计算机运行时，可以根据当前运算的结果或对外部设备现场测试的结果进行逻辑判断，从而从多个分支的操作中自动地选择一个分支，继续运行下去，直到得到正确的结果。

上述计算机的四大特性只从是从计算机的外部角度来认识的，它们与计算机内部的固有特点还密切相关。

1.4 计算机的硬件

一台完整的计算机应包括硬件部分和软件部分。硬件与软件的结合，才能使计算机正常运行、发挥作用。

1.4.1 计算机的硬件组成概述

计算机的硬件是指计算机中的电子线路和物理装置。它们是看得见、摸得着的物质实体。如由集成电路芯片、印刷线路板、接插件、电子元件和导线等装配成的 CPU、存储器及外部设备等。它们组成了计算机的硬件系统，是计算机的物质基础。

计算机应具备运算功能、记忆功能、控制功能和输入输出功能。为了完成这些功能，需要有相应的部件。计算机用存储器完成记忆功能，用运算器完成数据处理功能，用控制器完成整机调度与控制功能，用输入输出设备完成信息获取与信息输出的功能，而这些部件间并不是互不相干的，需要把它们有机地连接在一起，通过相互作用而构成一个完整的计算机硬件系统。

计算机有巨型机、大型机、中型机、小型机和微型机之分，每种规模的计算机又有很多机种和型号，它们在硬件配置上差别很大。但绝大多数计算机都是根据冯·诺依曼计算机体系结构来设计的，故具有共同的运算器、控制器、存储器（此节指主存储器）组成，外设部分由输入设备和输出设备的基本配置。运算器和控制器合称为中央处理单元（Central Processing Unit），简称 CPU；CPU 和存储器通常组装在一块主板上，合称为主机。输入输出设备及外存储设备（磁盘、磁带、光盘）合称外部设备，简称外设。计算机各部件之间的联系是通过两股信息流而实现的，一股宽的代表数据流，窄的一股代表控制流。数据由输入设备输入至运算器，再存于存储器中，在运算处理过程中，数据从存储器读入运算器进行运算，运算的中间结果存入存储器，或由运算器经输出设备输出。计算机硬件系统基本组成如图 1.5 所示。

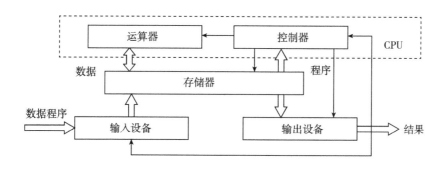

图 1.5 计算机硬件系统基本组成

1.4.2 计算机运算器及功能

运算器是完成二进制编码的算术或逻辑运算的部件，又称为执行部件。它对数据进行算术运算和逻辑运算。运算器通常由算术逻辑部件（ALU）和累加器、通用寄存器、算术逻辑单元和状态寄存器等一系列寄存器组成。其内部结构如图 1.6 所示，其核心是算术逻辑单元 ALU。ALU 是具体完成算术与逻辑运算的部件，通用寄存器用于暂存参加运算的一个操作数，此操作数来自总线。现代计算机的运算器有多个寄存器，称之为通用寄存器组。累加器是特殊的寄存器，它既能接受来自总线的二进制信息作为参加运算的一个操作数，寄存器与累加器的数据均从存储器中取得，累加器的最后结果也存放到存储器中。向算术逻辑单元ALU输送，又能存储由 ALU 运算的中间结果和最后结果，累加器除存放运算操作数外，在连续运算中，还用于存放中间结果和最后结果，累加器由此而得名。算术逻辑单元由加法器及控制门等逻辑电路组成，以完成累加器和寄存器中数据的各种算术与逻辑运算。运算器一次能运算的二进制数的位数，称为字长。它是计算机的重要性能指标。常用的计算机字长有 8 位、16 位、32 位及 64 位。寄存器、累加器及存储单元的长度应与 ALU 的字长相等或者是它的整数倍。运算器结构如图 1.7 所示。

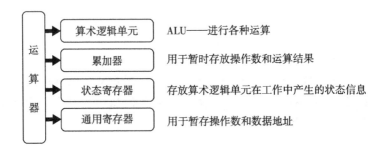

图 1.6　运算器的内部组成

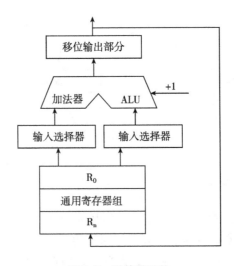

图 1.7　运算器结构

1.4.3　计算机存储器及功能

存储器的主要功能是存放程序和数据。程序是计算机操作的依据,数据是计算机操作的对象。程序和数据在存储器中都是用二进制的形式来表示的,为实现自动计算,这些信息必须预先放在存储器中。存储体由许多小单元组成,每个单元存放一条指令或一个数据。存储单元按某种顺序编号,每个存储单元对应一个编号,称为单元地址,用二进制编码表示。由于计算机需要分步地执行指令,相应地存放在存储器中的指令是逐条地被取出,予以分析、执行,所需的数据也是逐个地取出,予以运算处理。这就要求将存储器分成若干个存储单元,并给每个存储单元分配一个地址,如同一栋大楼分成若干房间,每个房间有一个房号一样。如果指令或数据比较长,就用相邻的几个单元来存放一条指令或数据。因此,存储器的一个重要特性是能按地址存入或读取内容。存储单元地址与存储在其中的信息是一一对应的。单元地址只有一个,是固定不变的,而存储在其中的信息是可以更换的。

能存储一位二进制代码的器件称为存储元。CPU 向存储器送入或从存储器取出信息时,不能存取单个的"位",而是用字节(B)和字(W)等较大的信息单位来工作。一个字节由 8 位二进制位组成,而一个字则至少由一个以上的字节组成。通常把组成一个字的二进制位数叫作字长。在存储器中把保存一个字节的 8 位触发器称为一个存储单元。

存储器的每个存储单元对应一个编号,用二进制编码表示,称为存储单元地址。随机存储器是按地址存取数据的,若地址总线共有 20 条地址线($A_0 \sim A_{19}$),即有 20 个十进制位,可形成 $2^{20} = 1048576$ 个地址(1 兆地址)。向存储器中存数或者从存储器中取数,都要将给定的地址进行译码,找到相应的存储单元。

1.4.4　计算机控制器及功能

对信息的输入、输出、存储与运算,都必须在控制器的控制下有序地进行,控制器是计算机全机的指挥中心,它控制各部件动作,使整个机器有条不紊地、连续地运行。控制器工作的实质就是解释程序。程序是指令的有序集合,通常按顺序执行,所以这些指令是按顺序存放在存储器里,它每次从存储器读取一条指令,经过分析译码,产生一串操作命令,发向各个部件,控制各部件进行相应的操作,然后再从存储器取出下一条指令,再执行这条指令,依次类推。每条指令的内容由操作码和地址码两部分组成,操作码说明操作的性质,即进行何种操作,地址码指出操作数的地址,即要从存储器的哪个单元取操作数。输入/输出设备与控制器之间也常采取这样一种方式进行协调:当输入/输出设备作好相应准备后，向中央控制器发出请求信号，然后控制器发出输入或输出命令。

1.4.5 计算机输入输出设备与适配器

1.4.5.1 计算机输入/输出设备

输入设备是转换输入形式的部件，输出设备是转换计算机输出信息形式的部件。计算机的输入/输出设备通常称为外围设备。

（1）计算机输入设备：输入设备是将人们熟悉的信息形式如数字、字母、文字、图形、图像、声音等变换成计算机能接收并识别的信息形式的设备。理想的计算机输入设备应该能"会看"和"会听"，即能够把人们用上述所表达的自然信息形式，变换成计算机能接收并识别的信息形式直接送到计算机内部进行处理。一般的输入设备只用于原始数据和程序的输入。常用的输入设备有鼠标、键盘、扫描仪、触摸屏、数码相机、模数转换器等。

（2）计算机输出设备：输出设备的作用是把计算机运算处理的二进制信息，转换成人类或其他设备能接收和识别的信息形式的设备。输出信息的形式如字符、文字、图形、图像、声音等。理想的输出设备应该是"会讲"和"会写"，还能输出文字符号、画图作曲线。输出设备与输入设备一样，需要通过接口与主机相联系。

外存储器也是计算机中重要的外围设备，它既可作为输入设备，也可以作为输出设备。

输入/输出设备将在第8章详细讲述相关的内容。

1.4.5.2 计算机的输入/输出接口（适配器）

适配器（输入/输出接口）。计算机使用适配器的主要原因是这些外围设备有高速的也有低速的，有全电子式的，也有机电结构的。由于种类繁多、速度各异，因而它们不是直接同高速工作的主机相连接，而是通过适配器（输入/输出接口）部件与主机联系。适配器的作用相当于一个转换器，它可以保证外围设备按计算机系统所要求的形式发送或接收信息。一个典型的计算机系统具有各种类型的外围设备，因而有各种类型的适配器，它使得被连接的外围设备通过系统总线与主机进行联系，以便使主机和外围设备并行协调地工作。

关于输入/输出接口的相关内容也将在第8章详细讲述。

1.4.5.3 计算机总线

总线是计算机信息和数据传输的公共通道。除上述的 CPU、存储器、I/O 设备、I/O 接口各部件外，计算机系统中还必须有总线。系统总线是构成计算机系统的骨架，完成多个系统部件之间实现传送地址、数据和控制信息的操作。大多数计算机都采用总线（BUS）结构。借助系统总线，计算机在各系统部件之间实现各种信息的交换操作。

总线的结构将在第 9 章中进行详细介绍。

1.5 计算机的软件

软件是指计算机系统中使用的各种程序及其相关文档资料。计算机的软件是根据解决问题的思想、方法和过程而编写的程序的有序集合，而程序又是指令的有序集合。在一台计算机中全部程序的集合，统称为这台计算机的软件系统。如果只有硬件，计算机并不能进行运算，它仍然是一堆废铁。没有系统软件，现代计算机系统就无法正常地、有效地运行；没有应用软件，计算机就不能发挥效能。人们将解决问题的方法、思想和过程用程序进行描述，程序通常存储在介质上，人们可以看到的是存储着程序的介质，而程序则是无形的，所以称之为软件（software）或软设备。因此，软件系统是在硬件系统的基础上，为了有效地使用计算机而配置的。

1.5.1 计算机软件的作用

计算机的工作是由存储在其内部的程序指挥的，这是冯·诺依曼计算机的重要特色。因此说软件或程序质量的好坏将极大地影响计算机性能的发挥，特别是并行处理技术以及 RISC 计算机的出现更显得软件之重要。软件的具体作用如下：

第一，指挥和管理计算机系统。计算机系统中有各种各样的软、硬件资源，必须由相应的软件来统一管理和指挥。

第二，计算机硬件和用户的接口界面。用户要使用计算机，必须编制程序，那就必须用软件，用户主要通过软件与计算机进行交流。

第三，计算机体系结构设计的主要依据是为了方便用户，使计算机系统具有较高的总体效率。所以，在设计计算机时必须考虑软件和硬件的结合，以及用户对软件的要求。

1.5.2 计算机软件的发展

软件开发到现在已有 60 多年的历史了，在整个软件发展的过程中，已经取得了划时代的成就。计算机软件的发展由低级向高级经历了机器语言→汇编语言→高级语言→操作系统→网络软件→数据库软件的变迁。通过对计算机软件发展历史的回顾，虽然软件的发展受到计算机硬件发展和应用的制约，但也早已进行了程序设计的开创、稳定和发展阶段。

1.5.2.1　程序设计的开创阶段（第一阶段1946～1956年）

从第一台计算机上的第一个程序出现到实用的高级语言出现为第一阶段。这时计算机以CPU为中心，存储器较小，编制程序工具为机器语言，突出问题是程序设计与编制工作的复杂、烦琐、易出错。这时还尚未出现"软件"一词，尚无软件的概念，有简单的个体生产软件方式、无明确分工（开发者和用户）。这时的软件主要是用于科学计算。

1.5.2.2　程序系统阶段（第二阶段1956～1968年）

从实用的高级程序设计语言出现到软件工程出现以前为第二阶段。这时除了科学计算外，出现了大量数据处理问题，计算量不大，但输入/输出量较大。机器结构转向以存储器为中心，出现了大容量存储器，输入/输出设备增加。为了充分利用这些资源，出现了操作系统，为了提高程序人员工作效率，出现了高级语言；为了适应大量的数据处理，出现了数据库及其管理系统。这时也认识到了文档的重要性，建立了软件的概念，出现了"软件"一词，此时环境软件相对稳定，出现了"软件作坊"的软件开发组织形式，开始使用产品软件（购买），系统规模越来越庞大，高级编程语言层出不穷，应用领域不断拓展，开发者和用户有了明确分工，社会对软件的需求量剧增，促进了"软件工程"方法的出现。

1.5.2.3　软件工程（第三阶段1968年至今）

软件工程出现以后迄今一直为第三阶段。对于一些复杂的大型软件，采用个体或者合作的方式进行开发不仅效率低、可靠性差，且很难完成，必须采用工程方法才能适用。为此，从20世纪60年代末开始，软件工程得到了迅速的发展，还出现了"计算机辅助软件""软件自动化"实验系统等。目前，人们除了研究改进软件传统技术外，还在着重研究以智能化、自动化、集成化、并行化以及自然化为标志的软件新技术。

1.5.3　计算机软件的分类

随着硬件技术的不断发展和应用需求的日益提高，软件产品越来越复杂、庞大。然而，随着大规模集成电路技术的发展和软件逐渐硬化，任何操作都可以由软件实现，也可以由硬件来实现；任何指令的执行都可以由硬件完成，同样也可以由软件来完成。所以，要明确划分计算机系统软、硬件界限已经比较困难了。软件按其功能可以分为两大类：

1.5.3.1　系统软件

系统软件用于实现计算机系统的管理、调度、监视和服务等功能的软件，其目的是方便用户，提高计算机使用效率，扩充系统的功能，包括操作系统和各类语言的编译程序。它位于计算机系统中最接近硬件的层面，其他软件只有通过系统软件支持才能发挥作用，它与具体应用无关。

1.5.3.2 应用软件

应用软件是用户为解决某种应用问题而编制的程序，是各类用户为满足各自的需要开发的各种应用程序。例如为进行数据处理、工程设计、自动控制、企业管理、科学计算、事务管理、情报检索以及过程控制等所编写的各类程序都称为应用程序（应用软件）。随着计算机的广泛应用，应用软件的种类及数量将越来越多、越来越庞大。

1.5.4 计算机硬件系统和软件系统的关系

软件系统是在硬件系统的基础上为了更加有效地使用计算机而配置的。没有系统软件，现代计算机系统就无法正常和有效地运行；没有应用软件，计算机就不能发挥效能；同时，软件和硬件之间可以相互转换，软件和硬件相互促进，相互影响。

1.5.4.1 计算机软件、硬件在功能上的逻辑等价

计算机系统以硬件为基础，通过软件扩充以执行程序的方式体现其功能。通常硬件只能完成最基本的功能，而复杂的功能则由软件实现。但也有许多用硬件实现的功能，在原理上可以用软件实现；用软件实现的功能，在原理上也可以用硬件完成。在逻辑功能上对用户而言是等价的，我们称之为计算机软件、硬件在功能上的逻辑等价。

1.5.4.2 计算机软件、硬件界面及其变化策略

对于计算机系统设计者而言，必须关心软件和硬件之间的界面，即哪些功能由软件实现，哪些功能由硬件实现。因为硬件的功能体现在识别与执行指令代码上，也就是指令系统所规定的功能都由硬件实现。但如何恰当地进行硬、软件的功能分配，是设计者在设计指令系统时要认真考虑的。

案例分析： 结合软件分类的方法，请对你日常生活、学习所用的软件进行合理的分类，并说明原因。现在已经可以把许多复杂的、常用的程序固定在 ROM 中，制作成所谓固件。在今后的发展中，完全"固化"甚至"硬化"是有可能的吗？

本章小结

本章主要讲述了计算机计算机的发展简史、计算机的分类、计算机系统的层

次结构及特点、计算机的硬件、计算机的软件、计算机的网络、计算机的发展趋势和计算机的应用等内容。

当今人们所称的"电脑"或"电子计算机",是指正在广泛应用的电子数字计算机。

计算机系统是一个由硬件和软件组成的多级层次结构,它通常由微程序级、一般机器级、操作系统级、汇编语言级和高级语言级等组成。软件和硬件在逻辑功能上是等效的,合理分配软件、硬件的功能是计算机总体结构的重要内容。

计算机系统的主要性能指标包括字长、运算速度、存储容量、配置的软件及外围设备的种类、可用性、可维修和可靠性等。

习 题

一、选择题

1. 完整的计算机系统应包括_____。
    A. 运算器、存储器、控制器
    B. 外部设备和主机
    C. 主机和实用程序
    D. 配套的硬件设备和软件系统
2. 至今为止,计算机中的所有信息仍以二进制方式表示的理由是_____。
    A. 节约元件
    B. 运算速度快
    C. 物理器件的性能决定
    D. 信息处理方便
3. 从系统结构看,至今绝大多数计算机仍属于_____型计算机。
    A. 并行
    B. 冯·诺依曼
    C. 智能
    D. 实时处理
4. 计算机外围设备是指_____。
    A. 输入/输出设备
    B. 外存储器
    C. 远程通信设备
    D. 除 CPU 和内存以外的其他设备
5. 在微型机系统中,外围设备通过_____与主板的系统总线相连接。
    A. 适配器
    B. 译码器
    C. 计数器
    D. 寄存器
6. 冯·诺依曼机工作的基本方式的特点是_____。
    A. 多指令流单数据流
    B. 按地址访问并顺序执行指令
    C. 堆栈操作
    D. 存储器按内容选择地址
7. 微型计算机的发展一般是以_____技术为标志。

A. 操作系统   B. 微处理器

    C. 磁盘   D. 软件

8. 下列选项中，_____不属于硬件。

    A. CPU   B. ASCII

    C. 内存   D. 电源

9. 对计算机的软、硬件进行管理是_____的功能。

    A. 操作系统   B. 数据库管理系统

    C. 语言处理程序   D. 用户程序

二、判断题

1. 在微型计算机广阔的应用领域中，会计电算化应属于科学计算应用方面。

2. 决定计算机计算精度的主要技术指标一般是指计算机的字长。

3. 计算机"运算速度"指标的含义是指每秒钟能执行多少条操作系统的命令。

4. 利用大规模集成电路技术把计算机的运算部件和控制部件放在一块集成电路芯片上，这样的一块芯片叫作单片机。

5. 微机使用过程中，如果突然断电，RAM 和 ROM 中保存的信息会全部丢失。

三、简答题

1. 数字计算机有哪些主要应用领域？

2. 计算机的发展经历了几代？每一代的基本特征是什么？

3. 什么是计算机的系统软件和应用软件？

4. 计算机的主要用途有哪些？

5. 衡量计算机性能的基本指标有哪些？

6. 列出通用机、巨型机、小型机、微型机等计算机的典型机种。这些计算机的运算速度、存储容量、价格和应用范围有哪些主要差别？

7. 计算机能够普及应用的主要原因是什么？

8. 说明高级语言、汇编语言、机器语言三者的差别和联系。

9. 计算机硬件由哪几部分组成？各部分的作用是什么？各部分之间是怎样联系的？

第2章　计算机常用的基本逻辑部件

学习目标

了解：时序逻辑电路的工作原理及作用、组合逻辑电路与时序逻辑电路的区别。

理解：阵列逻辑电路的工作过程。

掌握：基本逻辑部件的组成、加法器、译码器、三态门、触发器、寄存器、计数器等各表示的符号及工作原理。

知识结构

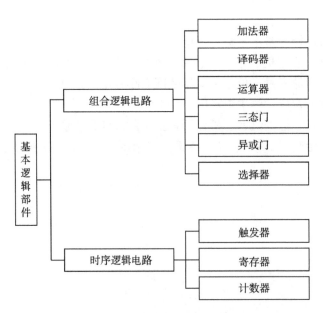

图2.1　计算机常用的基本逻辑部件知识结构

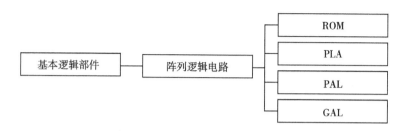

图 2.1 计算机常用的基本逻辑部件知识结构（续图）

　　逻辑电路按其逻辑功能和结构特点可分为两大类：一类是组合逻辑电路，简称组合电路；另一类是时序逻辑电路，简称时序电路。

　　组合电路由若干个逻辑门组合而成，其应用十分广泛。为了方便工程应用，通常把一些具有特定逻辑功能的组合电路设计成标准电路，并制造成各种规模的集成电路产品。常见的组合逻辑电路有加法器、译码器、算术运算逻辑单元、数据选择器等；时序逻辑电路有基本构成时序逻辑电路单元的触发器等。本章将对组合电路和时序电路中的重点部件做详细介绍。

2.1　组合逻辑电路的应用

2.1.1　加法器及作用

　　加法器是数字系统中一种最基本的组合逻辑电路。在计算机中加、减、乘、除四则算术运算最终都是在加法器中进行的。

2.1.1.1　半加器

两个二进制数相加，只考虑两个数本身，不考虑来自低位进位的加法器叫作半加器。

如图 2.2 所示电路可以写出逻辑表达式：

$$S_i = \overline{A_i}B_i + A_i\overline{B_i} = A_i \oplus B_i \tag{2.1}$$

$$C_i = A_iB_i \tag{2.2}$$

列出真值表如表 2.1 所示，若 A_i、B_i 表示两个一位二进制数相加，S_i 表示和，C_i 表示向高位的进位，可以看出该电路没有考虑来自低位的进位，是一个一位数的半加器电路，其逻辑符号如图2.3所示。

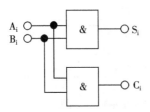

图2.2　半加器逻辑电路

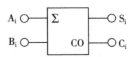

图2.3　半加器逻辑符号

表2.1　半加器真值

A_i	B_i	S_i	C_i
0	0	0	0
0	1	1	0
1	0	1	0
1	1	0	0

2.1.1.2　全加器

两个二进制数相加，不仅考虑两个加数本身，还考虑来自低位进位的加法器叫作全加器。

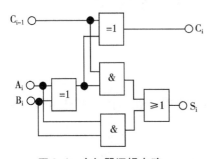

图2.4　全加器逻辑电路

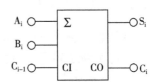

图2.5　全加器逻辑符号

如图2.4所示电路可以写出逻辑表达式为：

$$S_i = \overline{A_i}\,\overline{B_i}C_i + \overline{A_i}B_i\,\overline{C_{i-1}} + A_i\,\overline{B_i}\,\overline{C_{i-1}} + A_iB_iC_{i-1}$$
$$= C_{i-1}\,(\overline{A_i}\,\overline{B_i} + A_iB_i) + \overline{C_{i-1}}\,(\overline{A_i}B_i + A_i\,\overline{B_i})$$
$$= C_{i-1}\,(\overline{A_i \oplus B_i}) + \overline{C_{i-1}}\,(A_i \oplus B_i)$$
$$= A_i \oplus B_i \oplus C_{i-1} \tag{2.3}$$

$$C_i = \overline{A_i} B_i C_{i-1} + A_i \overline{B_i} C_{i-1} + A_i B_i \overline{C_{i-1}} + A_i B_i C_{i-1}$$
$$= C_{i-1}(A_i \oplus B_i) + A_i B_i (\overline{C_{i-1}} + C_{i-1})$$
$$= C_{i-1}(A_i \oplus B_i) + A_i B_i \tag{2.4}$$

列出真值表如表 2.2 所示，若 A_i、B_i 两个一位二进制数相加，以 C_{i-1} 表示来自低位的进位，S_i 表示和，C_i 表示向高位的进位，可以看出该电路考虑来自低位的进位，是一个一位数的全加器电路，其逻辑符号如图 2.5 所示。

表 2.2　全加器真值表

A_i	B_i	C_{i-1}	S_i	C_i
0	0	0	0	0
0	0	1	1	0
0	1	0	1	0
0	1	1	0	1
1	0	0	1	0
1	0	1	0	1
1	1	0	0	1
1	1	1	1	1

2.1.2　译码器及作用

译码器指的是具有译码功能的逻辑电路，译码是编码的逆过程，它能将二进制代码翻译成代表某一特定含义的信号（即电路的某种状态），以表示其原来的含义。译码器可以分为：变量译码（如 2 线 ~ 4 线译码器 74LS139、3 线 ~ 8 线译码器 74LS138 等）、码制变换译码器（如 BCD 码 ~ 十进制码译码器 7442，、余 3 码 ~ 十进制码译码器等）和显示译码器（如七段显示译码器 7448 等）。

2.1.2.1　二进制译码器

二进制译码器是一种由编码的输入信号触发后选择一条输出线信号有效的器件。通常情况下，输入的是一个 n 位二进制数，最多会有 $2n$ 条输出线（有些译码器中用使能信号来触发译码器）。

下面以 3 位二进制译码器 74138 为例，了解二进制译码器的工作原理。如图 2.6 所示为 74138 的管脚图，真值表如表 2.3 所示。有 3 个输入端 $I_0 \sim I_2$ 和 8（$= 2^3$）个输出端 $Y_0 \sim Y_7$，故该译码器也叫 3 线 ~ 8 线译码器。此外，该译码器还设置了 $E_0 \sim E_2$ 3 个输入使能端，用以控制译码器的工作状态。从真值表可以看出，$E_0 = 1$，$E_1 = 0$，$E_2 = 0$ 时，译码器处于工作状态。分析可以写出译码器逻辑表达式为：

$$Y_7 = \overline{E_0\,\overline{E_1}\,\overline{E_2}I_2I_1I_0} \qquad Y_6 = \overline{E_0\,\overline{E_1}\,\overline{E_2}I_2I_1\,\overline{I_0}}$$

$$Y_5 = \overline{E_0\,\overline{E_1}\,\overline{E_2}I_2\,\overline{I_1}I_0} \qquad Y_4 = \overline{E_0\,\overline{E_1}\,\overline{E_2}I_2\,\overline{I_1}\,\overline{I_0}} \qquad (2.5)$$

$$Y_3 = \overline{E_0\,\overline{E_1}\,\overline{E_2}\,\overline{I_2}I_1I_0} \qquad Y_2 = \overline{E_0\,\overline{E_1}\,\overline{E_2}\,\overline{I_2}I_1\,\overline{I_0}}$$

$$Y_1 = \overline{E_0\,\overline{E_1}\,\overline{E_2}\,\overline{I_2}\,\overline{I_1}I_0} \qquad Y_0 = \overline{E_0\,\overline{E_1}\,\overline{E_2}\,\overline{I_2}\,\overline{I_1}\,\overline{I_0}}$$

```
1  ─ A      VCC ─ 16
2  ─ B      Y0  ─ 15
3  ─ C      Y1  ─ 14
4  ─ G2A'   Y2  ─ 13
5  ─ G2B'   Y3  ─ 12
6  ─ G1     Y4  ─ 11
7  ─ Y7     Y5  ─ 10
8  ─ GND    Y6  ─ 9
```

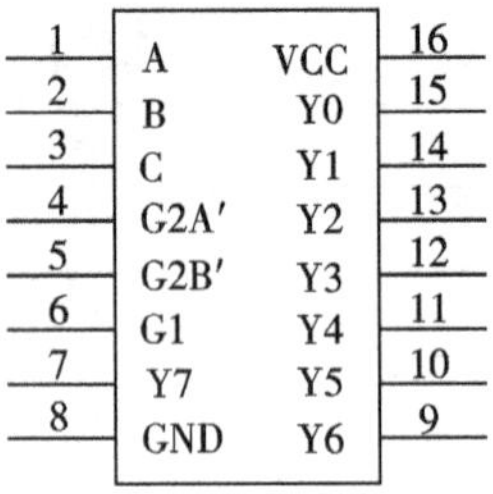

图 2.6　译码器 74138 管脚

显然，74138 可以产生三变量函数的全部最小项，利用这一点，可以用它实现三变量的逻辑函数。

表 2.3　译码器 74138 真值表

输　　　入						输　　　出							
E_0	E_1	E_2	I_2	I_1	I_0	Y_0	Y_1	Y_2	Y_3	Y_4	Y_5	Y_6	Y_7
×	1	×	×	×	×	1	1	1	1	1	1	1	1
×	×	1	×	×	×	1	1	1	1	1	1	1	1
0	×	×	×	×	×	1	1	1	1	1	1	1	1
1	0	0	0	0	0	0	1	1	1	1	1	1	1
1	0	0	0	0	1	1	0	1	1	1	1	1	1
1	0	0	0	1	0	1	1	0	1	1	1	1	1
1	0	0	0	1	1	1	1	1	0	1	1	1	1
1	0	0	1	0	0	1	1	1	1	0	1	1	1
1	0	0	1	0	1	1	1	1	1	1	0	1	1
1	0	0	1	1	0	1	1	1	1	1	1	0	1
1	0	0	1	1	1	1	1	1	1	1	1	1	0

2.1.2.2 二十进制译码器

二十进制译码器能将 BCD 码的 10 种代码翻译成对应十进制的 10 个高、低电平。图 2.7 为二十进制译码器 7442 的管脚。

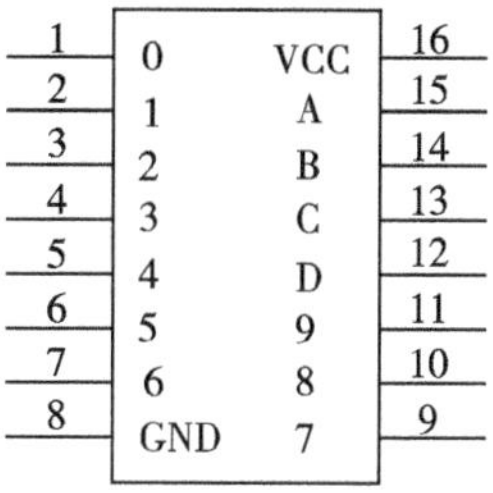

```
    1 ┌─────────────┐ 16
    ──┤ 0       VCC ├──
    2 │             │ 15
    ──┤ 1         A ├──
    3 │             │ 14
    ──┤ 2         B ├──
    4 │             │ 13
    ──┤ 3         C ├──
    5 │             │ 12
    ──┤ 4         D ├──
    6 │             │ 11
    ──┤ 5         9 ├──
    7 │             │ 10
    ──┤ 6         8 ├──
    8 │             │ 9
    ──┤ GND       7 ├──
      └─────────────┘
```

图 2.7 二十进制译码器管脚

可以写出其表达式为

$$Y_9 = I_3 \bar{I}_2 \bar{I}_1 I_0 \qquad Y_8 = I_3 \bar{I}_2 \bar{I}_1 \bar{I}_0$$
$$Y_7 = \bar{I}_3 I_2 I_1 I_0 \qquad Y_6 = \bar{I}_3 I_2 I_1 \bar{I}_0$$
$$Y_5 = \bar{I}_3 I_2 \bar{I}_1 I_0 \qquad Y_4 = \bar{I}_3 I_2 \bar{I}_1 \bar{I}_0 \qquad (2.6)$$
$$Y_3 = \bar{I}_3 \bar{I}_2 I_1 I_0 \qquad Y_2 = \bar{I}_3 \bar{I}_2 I_1 \bar{I}_0$$
$$Y_1 = \bar{I}_3 \bar{I}_2 \bar{I}_1 I_0 \qquad Y_0 = \bar{I}_3 \bar{I}_2 \bar{I}_1 \bar{I}_0$$

其中，4 位输入对应应该有 16 （ $=2^4$ ） 种组合，但是十进制只有十种状态，所以 BCD 码以外的编码（1010 ～ 1111 六个码）视为伪码，即译码器拒绝译码。二十进制译码器 7442 的真值如表 2.4 所示。

表 2.4 二十进制译码器 7442 的真值表

输		入		输				出						对应十
I_3	I_2	I_1	I_0	Y_9	Y_8	Y_7	Y_6	Y_5	Y_4	Y_3	Y_2	Y_1	Y_0	进制数
0	0	0	0	1	1	1	1	1	1	1	1	1	0	0
0	0	0	1	1	1	1	1	1	1	1	0	1	1	1
0	0	1	0	1	1	1	1	1	1	1	1	1	1	2
0	0	1	1	1	1	1	1	1	1	1	1	1	1	3
0	1	0	0	1	1	1	1	1	1	1	1	1	1	4
0	1	0	1	1	1	1	1	1	1	1	1	1	1	5
0	1	1	0	1	1	1	1	1	1	1	1	1	1	6

续表

输		入		输				出						对应十
I_3	I_2	I_1	I_0	Y_9	Y_8	Y_7	Y_6	Y_5	Y_4	Y_3	Y_2	Y_1	Y_0	进制数
0	1	1	1	1	1	1	1	1	1	1	1	1	1	7
1	0	0	0	1	1	1	1	1	1	1	1	1	1	8
1	0	0	1	1	1	1	1	1	1	1	1	1	1	9

2.1.3　算术运算逻辑单元

由一位全加器（FA）构成的行波进位加法器，它可以实现补码数的加法运算和减法运算。但是这种加法/减法器存在两个问题：一是由于串行进位，它的运算时间很长。假如加法器由 n 位全加器构成，每一位的进位延迟时间为20ns，那么最坏情况下，进位信号从最低位传递到最高位而最后输出稳定，至少需要 n×20ns，这在高速计算中显然是不利的。二是就行波进位加法器本身来说，它只能完成加法和减法两种操作而不能完成逻辑操作。ALU 的逻辑结构原理如图2.8 所示。本节我们介绍的多功能算术/逻辑运算单元（ALU）不仅具有多种算术运算和逻辑运算的功能，而且具有先行进位逻辑，从而能实现高速运算。

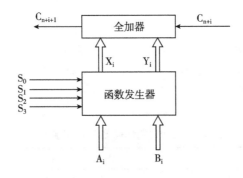

图2.8　ALU 的逻辑结构原理

一位全加器（FA）的逻辑表达式为

$$F_i = A_i \oplus B_i \oplus C_i$$
$$C_{i+1} = A_i B_i + B_i C_i + C_i A_i$$

将 A_i 和 B_i 先组合成由控制参数 S_0，S_1，S_2，S_3 控制的组合函数 X_i 和 Y_i，然后再将 X_i，Y_i 和下一位进位数通过全加器进行全加。这样，不同的控制参数可以得到不同的组合函数，因而能够实现多种算术运算和逻辑运算。

因此，一位算术/逻辑运算单元的逻辑表达式为

$$F_i = X_i \oplus Y_i \oplus X_{n+i}$$

$$C_{n+i+1} = X_i Y_i + Y_i C_{n+i} + C_{n+i} X_i$$

表2.5　X_i，Y_i 与控制参数和输入量的关系

S_0	S_1	Y_i	S_2	S_3	X_i
0	0	A_i	0	0	1
0	1	$A_i B_i$	0	1	$A_i + B_i$
1	0	$A_i B_i$	1	0	$A_i + B_i$
1	1	0	1	1	A_i

式中，进位下标用 $n+i$ 代替原来以为全加器中的 i，i 代表集成在一片电路上的 ALU 的二进制位数。对于 4 位一片的 ALU，$i = 0$，1，2，3。n 代表若干片 ALU 组成更大字长的运算器时每片电路的进位输入，例如当 4 片组成 16 位字长的运算器时，$n = 0$，4，8，12。

控制参数 S_0，S_1，S_2，S_3 分别控制输入 A_i 和 B_i，产生 Y 和 X 的函数。其中 Y_i 是受 S_0，S_1 控制的 A_i 和 B_i 组合函数，而 X_i 是受 S_2，S_3 控制的 A_i 和 B_i 组合函数，其函数关系如表2.5所示。根据上面所列的函数关系，即可列出 X_i 和 Y_i 的逻辑表达式

$$X_i = S_2 S_3 + S_2 S_3 \ (A_i + B_i) \ + S_2 S_3 \ (A_i + B_i) \ + S_2 S_3 A_i$$

$$Y_i = S_0 S_1 A_i + S_0 S_1 A_i B_i + S_0 S_1 A_i B_i$$

进一步化简并代入前面的求和与进位表达式，可得 ALU 的某一位逻辑表达式如下

$$X_i = S_3 A_i B_i + S_2 A_i \overline{B_i}$$

$$Y_i = \overline{A_i + S_0 B_i + S_1 \overline{B_i}}$$

$$F_i = Y_i \oplus X_i \oplus C_{n+i}$$

$$C_{n+i+1} = Y_i + X_i C_{n+i} \tag{2.7}$$

4 位之间采用先行进位公式，根据式（2.1.27），每一位的进位公式可递推如下：第 0 位向第 1 位的进位公式为

$$C_{n+1} = Y_0 + X_0 C_n$$

其中，C_n 是向第 0 位（末位）的进位。

第 1 位向第 2 位的进位公式为

$$C_{n+2} = Y_1 + X_1 C_{n+1} = Y_1 + Y_0 X_1 + X_0 X_1 C_n$$

第 2 位向第 3 位的进位公式为

$$C_{n+3} = Y_2 + X_2 C_{n+2} = Y_2 + Y_1 X_2 + Y_0 X_1 X_2 + X_0 X_1 X_2 C_n$$

第 3 位的进位输出（即整个 4 位运算进位输出）公式为

$$C_{n+4} = Y_3 + X_3 C_{n+3} = Y_3 + Y_2 X_3 + Y_1 X_2 X_3 + Y_0 X_1 X_2 X_3 + X_0 X_1 X_2 X_3 C_n$$

设

$$G = Y_3 + Y_2 X_3 + Y_1 X_2 X_3 + Y_0 X_1 X_2 X_3$$
$$P = X_0 X_1 X_2 X_3$$

则

$$C_{n+4} = G + PC_n \tag{2.8}$$

这样，对一片 ALU 来说，可有三个进位输出。其中 G 称为进位发生输出，P 称为进位传送输出。在电路中多加这两个进位输出的目的，是为了便于实现多片（组）ALU 之间的先行进位，为此还需一个配合电路，称之为先行进位发生器（CLA），下面还要介绍。

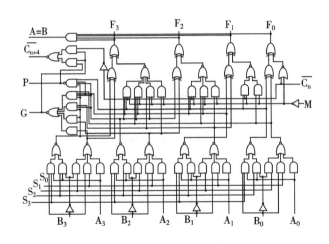

图 2.9　74181 ALU 逻辑电路

C_{n+4} 是本片（组）的最后进位输出。逻辑表达式表明，这是一个先行进位逻辑。换句话说，第 0 位的进位输入 C_n 可以直接传送到最高位上去，因而可以实现高速运算。

用正逻辑表示的 4 位算术/逻辑运算单元（ALU）的逻辑电路图演示，它是根据上面的原始推导公式用 TTL 电路实现的。这个器件的商业标号为 74181 ALU。

图 2.9 中除了 $S_0 - S_3$ 四个控制端外，还有一个控制端 M，它是用来控制 ALU 是进行算术运算还是进行逻辑运算的。

当 $M = 0$ 时，M 对进位信号没有任何影响。此时 F 不仅与本位的被操作数 Y 和操作数 X 有关，而且与本位的进位输出（即 C）有关，因此 $M = 0$ 时，进行算术操作。

当 $M=1$ 时，封锁了各位的进位输出，即 $C=0$，因此各位的运算结果 F 仅与 Y 和 X 有关，故 $M=1$ 时，进行逻辑操作。

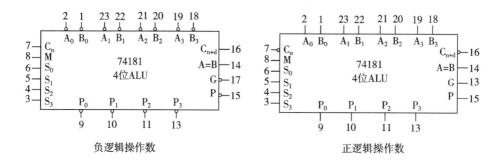

图 2.10　负/正逻辑操作方式的 74181ALU

图 2.10 列出了工作于负逻辑和正逻辑操作数方式的 74181ALU 方框图。显然，这个器件执行的正逻辑输入/输出方式的一组算术运算和逻辑操作与负逻辑输入/输出方式的一组算术运算和逻辑操作是等效的。

表 2.6 列出了 74181ALU 的运算功能表，它有两种工作方式。对正逻辑操作数来说，算术运算称高电平操作，逻辑运算称正逻辑操作（即高电平为"1"，低电平为"0"）。对于负逻辑操作数来说，正好相反。由于 $S-S$ 有 16 种状态组合，因此对正逻辑输入与输出而言，有 16 种算术运算功能和 16 种逻辑运算功能。同样，对于负逻辑输入与输出而言，也有 16 种算术运算功能和 16 种逻辑运算功能。

表 2.6　74181ALU 算术/逻辑运算功能表

工作方式选择输出 $S_3S_2S_1S_0$	负逻辑输入与输出		正逻辑输入与输出	
	逻辑（$M=H$）	算术运算 ($M=L$)（$C_n=L$)	逻辑（$M=H$）	算术运算 ($M=L$)（$C_n=H$)
L L L L	A	A 减 1	A	A
L L L H	AB	AB 减 1	A + B	A + B
L L H L	A + B	AB 减 1	AB	A + B
L L H H	逻辑 1	减 1	逻辑 0	减 1
L H L L	A + B	A 加（A + B）	AB	A 加 AB
L H L H	B	AB 加（A + B）	B	（A + B）加 AB

工作方式选择输出 $S_3S_2S_1S_0$	负逻辑输入与输出		正逻辑输入与输出	
	逻辑（$M=\mathrm{H}$）	算术运算 （$M=\mathrm{L}$）（$C_n=\mathrm{L}$）	逻辑（$M=\mathrm{H}$）	算术运算 （$M=\mathrm{L}$）（$C_n=\mathrm{H}$）
L H H L	$A \oplus B$	A 减 B 减 1	$A \oplus B$	A 减 B 减 1
L H H H	$A+B$	$A+B$	AB	AB 减 1
H L L L	AB	A 加（$A+B$）	$A+B$	A 加 AB
H L L H	$A \oplus B$	A 加 B	$A \oplus B$	A 加 B
H L H L	B	AB 加（$A+B$）	B	（$A+B$）加 AB
H L H H	$A+B$	$A+B$	AB	AB 减 1
H H L L	逻辑 0	A 加 A*	逻辑 1	A 加 A*
H H L H	AB	AB 加 A	$A+B$	（$A+B$）加 A
H H H L	AB	AB 加 A	$A+B$	（$A+B$）加 A
H H H H	A	A	A	A 减 1

说明：

（1）H＝高电平，L＝低电平.

（2）*表示每一位均移到下一个更高位，即 A*＝2A.

注意，表2.6中算术运算操作是用补码表示法来表示的。其中"加"是指算术加，运算时要考虑进位，而符号"＋"是指"逻辑加"。其次，减法是用补码方法进行的，其中数的反码是内部产生的，而结果输出"A 减 B 减 1"，因此做减法时需在最末位产生一个强迫进位（加1），以便产生"A 减 B"的结果。另外，"A＝B"输出端可指示两个数相等，因此它与其他 ALU 的"A＝B"输出端按"与"逻辑连接后，可以检测两个数的相等条件。

2.1.4 三态门及作用

2.1.4.1 三态输出门的三态

三态逻辑（Three State Logic，TSL）门的输出端除了具有逻辑上的高电平和低电平两种输出状态外，还有电路上的第三态——高阻态。三态逻辑门可以等效理解成在基本逻辑门输出端后又等效增加一个电子开关，如图 2.11 所示。等效开关由使能控制端 EN（enable）控制，开关闭合时，三态门就等效成基本逻辑门，开关断开时，三态门输出处于高阻状态。

根据电路结构的不同，有的型号三态门当使能控制端 $EN=1$ 时，三态门正常工作，$EN=0$ 时，输出为高阻。如图 2.12（a）所示。表2.7 和表2.8 是其真值表。另外，有的型号当 $EN=0$ 时，三态门正常工作，$EN=1$ 时，输出为高阻。EN 端的小圆圈表明了它的电平要求，如图 2.12（b）所示。EN 端没有小圆圈表

明 $EN=1$ 使能，即 $EN=1$ 时正常逻辑门工作，$EN=0$ 时，输出为高阻；EN 端有小圆圈表明 $EN=0$ 使能，即 $EN=0$ 时正常逻辑门工作，$EN=1$ 时，输出为高阻。表 2.8 是其真值表。

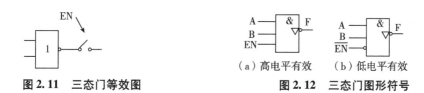

图 2.11　三态门等效图　　　　　图 2.12　三态门图形符号

（a）高电平有效　　（b）低电平有效

表 2.7　$EN=1$ 使能三态与非门真值表

控制端 EN	输入端 A	输入端 B	输出端 F
	0	0	1
1	0	1	1
	1	0	1
	1	1	0
0	$\varPhi$	$\varPhi$	高阻

表 2.8　$EN=0$ 使能三态与非门真值表

控制端 EN	输入端 A	输入端 B	输出端 F
	0	0	1
0	0	1	1
	1	0	1
	1	1	0
0	$\varPhi$	$\varPhi$	高阻

2.1.4.2　三态输出门原理结构

（1）TTL 三态门（高电平有效）：TTL 三态门（高电平有效）的电路结构如图 2.13 所示，图中使能控制端 EN 高电平有效。当 $EN=1$ 时，二极管 VD_1 截止，电路处于正常与非工作状态，$F=\overline{AB}$；当 $EN=0$ 时，一方面 $U_{B_1}\leqslant 1V$，使能 VT_2 和 VT_3 截止，另一方面，因为二极管 VD_1 导通，$U_{B_5}>1V$，使 VT_4 也截止，故输出端呈高阻状态。所谓高阻状态，即此门电路输出端既不像输出逻辑 1 状态那样，电源 $+V_{DD}$ 通过 R_4 和 VT_4 给负载提供电流，也不像输出逻辑 0 状态那样，$BJT\ VT_3$ 被负载灌入电流，而是输出端 F 呈现开路。在数字系统中，当某一逻辑器件出现开路（高阻状态）时，等效于这个器件从系统中独立，与系统之间互不产生联系和影响。

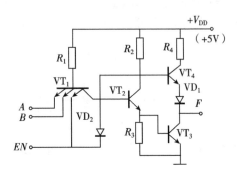

图 2.13　TTL 三态门电路（高电平有效）

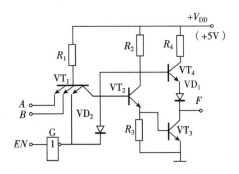

图 2.14　TTL 三态门电路（低电平有效）

（2）TTL 三态门（低电平有效）：在图 2.14 所示的三态门电流中，使能端 $\overline{EN}$ 是低电平有效。当 $\overline{EN}=0$ 时，非门 G 输出高电平，二极管 VD_1 截止，电路处于正常的与非门工作状态，$F=\overline{AB}$；当 $\overline{EN}=1$ 时，非门 G 输出低电平，VT_1 的基级电压 $U_{B_1}\leqslant 1V$，使 VT_2 和 VT_3 都截止，同时，因二极管 VD_2 导通，$U_{B_5}\leqslant 1V$，VT_5、VT_4 也截止，故输出端出现高阻状态。

（3）TTL 三态门的应用：三态门在数字系统中广泛运用于总线分时复用、双向接口、热插拔等场合。

2.1.5　异或门及作用

异或门电路如图 2.15 所示，它由一级或非门和一级与非门所组成。或非门的输出 $L=\overline{A+B}$，而与或非门的输出 F_2 即为输入 A、B 的异或，所以：

$$L=\overline{A}B+A\overline{B}=A\oplus B$$

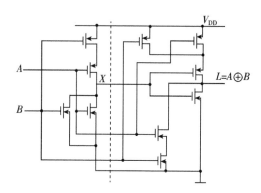

图 2.15　异或门电路

2.1.6　数据选择器及作用

数据选择器可以从多通道数字输入信号中选择一路所需要的信号。数据选择器一般功能如图 2.16 所示。

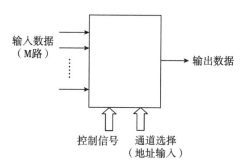

图 2.16　数据选择器一般功能

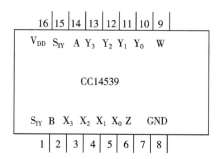

图 2.17　CC14539 芯片引脚

双四选一集成电路数据选择器芯片 CC14539 的引脚排列如图 2.17 所示。它有两个四选一数据选择器功能，有两组输入数据 $X_0X_1X_2X_3$ 和 $Y_0Y_1Y_2Y_3$，两个数据输出端 Z 和 W；A，B 为地址输入端，S_{TX}，S_{TY} 为控制端。利用输入端和控制端，可根据 A 和 B 的不同值，将某个 X 送到输出端 Z，将某个 Y 送到输出端 W。CC14539 的真值表 2.9 所示。

表 2.9　CC14539 功能真值

B	A	S_{TX}	S_{TY}	Z	W
0	0	0	0	X_0	Y_0
0	1	0	0	X_1	Y_1
1	0	0	0	X_2	Y_2
1	1	0	0	X_3	X_3
0	0	0	1	X_0	0
0	1	0	1	X_1	0
1	0	0	1	X_2	0
1	1	0	1	X_3	0
0	0	1	0	0	Y_0
0	1	1	0	0	Y_1
1	0	1	0	0	Y_2
1	1	1	0	0	Y_3
Φ	Φ	1	1	0	0

根据手册资料的 CC14539 芯片引脚图和功能真值表对各个引脚功能的理解分析，双四选一数据选择器 CC14539 芯片的功能等效如图 2.18 所示。其中，$X_0X_1X_2X_3$ 和 $Y_0Y_1Y_2Y_3$ 是输入端，Z 和 W 是输出端，A 和 B 为地址输入端，S_{TX}、S_{TY} 为控制端。

功能等效图清楚地表达了芯片的功能和控制要求，使用时画出功能等效图，可以对芯片的功能和各个引脚的作用的理解更加准确透彻。

芯片的总体功能是根据不同的地址值和控制端要求，将其中 X 和 Y 的某个值送到输出端 Z 和 W。据此分析，得到输出端的输出逻辑函数表达式为：

$$Z = (\overline{A}\,\overline{B}X_0 + \overline{A}BX_1 + A\overline{B}X_2 + ABX_3)\,S_{TX}$$
$$W = (\overline{A}\,\overline{B}Y_0 + \overline{A}BY_1 + A\overline{B}Y_2 + ABY_3)\,S_{TY}$$

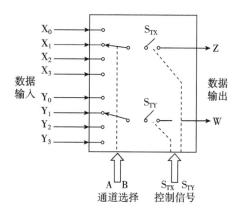

图 2.18 CC14539 芯片功能等效

2.2 时序逻辑电路的应用

触发器及原理

触发器属于具有稳定状态的电路，在外触发信号作用下能按某一逻辑关系产生响应并保持二进制数字信号。具有两种稳定状态（0 和 1）的触发器，叫双稳态触发器，简称触发器，主要用于计数、寄存等；具有一种稳定状态和一种暂稳定状态的触发器，叫单稳态触发器，主要用于定时控制、波形变换等。本节主要介绍各种双稳态触发器的功能特点。

2.2.1.1 触发器的特点

触发器由逻辑门加反馈电路组成，能够存储和记忆 1 位二进制数，是构成时序逻辑电路的基本单元。所谓时序逻辑电路，是指电路某时刻的输出状态不仅与该时刻加入的输入信号有关，而且还与该信号加入前电路的状态有关。

触发器电路有两个互补的输出端，用 Q 和 $\overline{Q}$ 表示。其中，规定 Q 的状态为触发器的状态。$Q=0$，称为触发器处于 0 态；$\overline{Q}=1$，称为触发器处于 1 态。

在没有外加输入信号触发时，触发器保持稳定状态不变；在外加输入信号触发时，触发器可以从一种稳定状态翻转成另一种状态。为了区分触发信号作用前、作用后的触发器状态，通常把触发信号作用前的触发器状态称为初态或者现态，也有称为原态的，用 Q_n 表示；把触发信号作用后的触发器状态称为次态，用 Q^{n+1} 表示。

2.2.1.2　触发器的类别

按照电路结构形式的不同，触发器分为基本触发器和时钟触发器。基本触发器是指基本 RS 触发器，时钟触发器包括同步 RS 触发器、主从结构触发器和边沿触发器。

按照逻辑功能的不同，触发器分为 RS，JK，D，T 和 T′触发器。

按照构成的元件不同，分为 TTL 和 COMS 触发器。

2.2.1.3　触发器的电路模型

触发器的电路模型如图 2.19 所示。

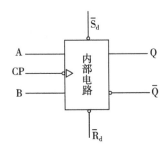

图 2.19　触发器的电路模型

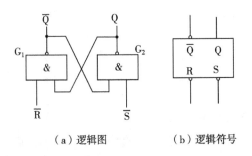

（a）逻辑图　　　　　　　（b）逻辑符号

图 2.20　用与非门组成的基本 RS 触发器

图中 A，B 表示两个信号输入端，对于具体的触发器，它们一般都有确定的名称，比如 R，S 等；CP 为振荡脉冲输入端；Q，$\overline{Q}$ 为两个逻辑互补输出端，不允许二者均为相同的电平状态。$\overline{S}_d$，$\overline{R}_d$ 为触发器初始状态设置端，非号和"○"表示低电平有效。由于内部逻辑电路不同，使触发器输出与输入间的逻辑关系也有所不同，从而构成了不同逻辑功能的触发器。

2.2.1.4　工作原理

当 $\overline{R}=\overline{S}=1$，电路有两个稳定状态——"0"状态和"1"状态。通常规定输

出端 Q 的状态为触发器的状态。把 $Q=0$，$\bar{Q}=1$ 称为 "0" 状态，把 $Q=1$，$\bar{Q}=0$ 叫作 "1" 状态。在 "0" 状态时，由于 $Q=0$ 反馈到了 G_1 门的输入端，使 G_1 门截止，保证了 $\bar{Q}=1$，而 $Q=1$ 反馈到 G_2 门的输入端和 $\bar{S}=1$ 一起使门 G_2 导通，维持 $Q=0$，电路处于 "0" 的保持状态。在 "1" 状态时，同理。根据以上分析法，可以将基本 RS 触发器输出状态与输入信号的关系归纳如下：

当 $\bar{S}=1$，$\bar{R}=0$ 时，$Q=0$，$\bar{Q}=1$，触发器置 0；

当 $\bar{S}=0$，$\bar{R}=1$ 时，$Q=1$，$\bar{Q}=0$，触发器置 1；

当 $\bar{S}=1$，$\bar{R}=1$ 时，触发器保持原态不变；

当 $S=0$，$\bar{R}=0$ 时，$Q=1$，$\bar{Q}=1$，这种状态是不允许出现的。这就是 RS 触发器的约束条件。将上述关系列成表，就得到触发器的特性表，见表 2.10。表中用 Q^n 表示接收信号之前触发器的状态，称为现态，用 Q^{n+1} 表示接收信号之后的状态，称为次态。"×" 表示不定状态，可为 0，也可为 1，在函数化简时作约束条件处理。

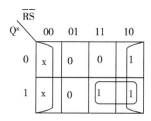

图 2.21　Q^{n+1} 卡诺

表 2.10　用与非门组成的基本 RS 触发器的特性

Q^n	$\bar{R}$	$\bar{S}$	Q^{n+1}	说明
0	1	0	1	置 1
1	1	0	1	
0	0	1	0	置 0
1	0	1	0	
0	1	1	0	保持
1	1	1	1	
0	0	0	X	不允许
1	0	0	X	

由表 2.10 可得图 2.21 所示的卡诺图, 经化简可得由与非门组成的基本 RS 触发器的特性方程:

$$\begin{cases} Q^{n+1} = S + \overline{R}Q^n \\ \overline{S} + \overline{R} = 1 \end{cases}$$

式中, $\overline{S} + \overline{R} = 1$ 称为约束条件, 这是由于当 R, S 都为 0 而又同时恢复为 1 时, 形成电路的竞争, 使得触发器的次态 Q^{n+1} 是不确定的。因此, 不允许 R 和 S 同时为 0, 这就是输入约束条件。为了获得确定的 Q^{n+1}, 输入信号 R 和 S 必须满足 $\overline{S} + \overline{R} = 1$ 的条件。

2.2.1.5　由或非门组成的基本 RS 触发器

RS 触发器还可以用或非门组成, 如图 2.22 所示。和与非门的电路比较, 有两个不同之处, 一是 R, S 的位置对换, 二是 R, S 无反号, 即输入高电平有效, 它的特性表见表 2 - 11。从表中可以看出由于 $S = R = 1$ 时, 触发器的状态不定, 所以正常工作时不允许加 $S = R = 1$ 的输入信号, 即需遵守 $S \times R = 0$ 的约束条件。

表 2.11　用或非门组成的基本 RS 触发器的特性

Q^n	R	S	Q^{n+1}	说明
0	0	0	0	保持
1	0	0	1	
0	0	1	1	置 1
1	0	1	1	
0	1	0	0	置 0
1	1	0	0	
0	1	1	X	不允许
1	1	1	X	

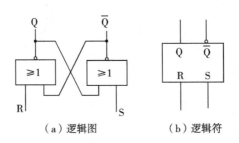

（a）逻辑图　　　　　　（b）逻辑符

图 2.22　用或非门组成的基本 **RS** 触发器

分析表 2.11 可以看出, 在 R, S 作用下, 状态 Q^{n+1} 的原态 Q, S, R 之间逻

辑关系的特性方程

$$\begin{cases} Q^{n+1} = S + \overline{R} * Q^n \\ S * R = 0 \end{cases}$$

特性表和特性方程是基本 RS 触发器次态 Q^{n+1}，现态 Q 和输入 R，S 之间逻辑关系的数学表达形式，它们全面地描述了触发器的逻辑功能。

由特性表和特性方程可以看出，如果输入信号 S，R 以及现态 Q 已知，就可以求得次态 Q^{n+1} 的值。例如，已知 RS 触发器的 S，R 的波形，并假设初始状态为 0，可画出触发器输出状态的变化波形，如图 2.23 所示。

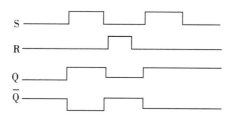

图 2.23　RS 触发器的工作波形

触发器次态输出与 R，S 现态间的逻辑关系，还可以用状态转换图表示，如图 2.24 所示。在状态转换图中，用两个圆圈分别代表触发器的两种状态，用带箭头的弧线表示状态转换的方向，弧线旁边标注状态转换的条件。

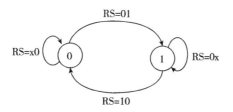

图 2.24　RS 触发器的状态

本章小结

本章主要介绍了计算机常用的基本逻辑部件，其需掌握和了解的主要内容分为三部分：

　　首先，介绍了计算机常用的基本逻辑部件中组合逻辑电路，组合逻辑电路在逻辑功能上的特点是任意时刻的输出仅仅取决于该时刻的输入，而与电路过去的状态无关。它在电路结构上的特点是只包含门电路，而没有存储（记忆）单元；尽管组合逻辑电路在功能上差别很大，但它们的分析方法和设计方法都是共同的。组合电路的分析方法是：逐级写出输出的逻辑表达式，进行化简，从而得出输出与输入间的逻辑关系。组合电路设计步骤是：分析所设计的逻辑问题，确定变量、函数及器件间的关系；根据分析的逻辑功能列出真值表；将真值表填入卡诺图进行化简，得到所需要的表达式；最后根据表达式画出逻辑图。

　　其次，介绍了时序逻辑电路。时序电路的特点是任一时刻的输出信号不仅和当时的输入有关，而且与电路原来的状态有关。为了记忆电路原来的状态，时序电路都包含有存储电路。时序电路可以用状态方程、状态表、状态图来描述。

　　最后，介绍了阵列逻辑电路。存储器是一种可以存储数据或信息的半导体器件。ROM 所存储的信息是固定的，不会因断电而消失；可编程逻辑器件是一种由用户通过编程确定器件内部逻辑结构和逻辑功能的大规模集成电路。

习　题

一、填空题

1. 一个全加器，当输入 $A_i = 1$，$B_i = 0$，$C_i = 1$ 时，其和输出 $S_i =$ _____，进位输出 $C_{i+1} =$ _____。

2. 码器、二十进制编码器、优先编码器中，对输入信号没有约束的是_____。

3. _____是实现逻辑电路的基本单元。

4. 触发器按结构可分为_____、_____、_____、_____等。

5. 根据写入的方式不同，只读存储器 ROM 分为_____、_____、_____、_____。

二、选择题

1. 若在编码器中有 50 个编码对象，则输出二进制代码位数至少需要_____位。
   A. 5　　　　　　B. 6　　　　　　C. 10　　　　　　D. 50

2. 一个 16 选 1 的数据选择器，其选择控制（地址）输入端有_____个，数据输入端有_____个，输出端有_____个。
   A. 1　　　　　　B. 2　　　　　　C. 4　　　　　　D. 16

3. 一个 8 选 1 数据选择器，当选择控制端 S2S1S0 的值分别为 101 时，输出端输出_____值。

 A. 1   B. 0   C. D4   D. D5

4. 一个译码器若有 100 个译码输出端，则译码输入端至少有_____个。

 A. 5   B. 6   C. 7   D. 8

5. 能实现 1 位二进制带进位加法运算的是_____。

 A. 半加器   B. 全加器   C. 加法器   D. 运算器

三、问答题

1. 简述加法器、译码器的工作原理及作用。

2. 简述双向寄存器的工作原理。

3. ROM 有哪几种类型？各有什么特点？

4. 简述 PLA 的主要用途。

第3章 计算机的运算方法与运算器

了解：数值数据与非数值数据的表示方法。

理解：计算机的运算部件、数据校验方法。

掌握：进制及其相互转换方法、带符号数的二进制的表示。

带符号定点数的二进制加减乘除法运算。

带符号浮点数的二进制运算。

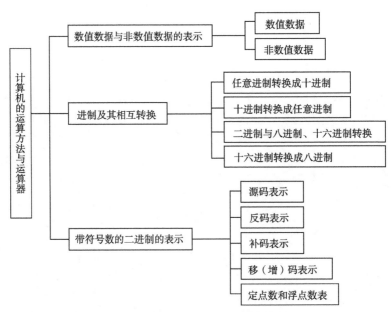

图3.1 计算机的运算方法与运算器知识结构

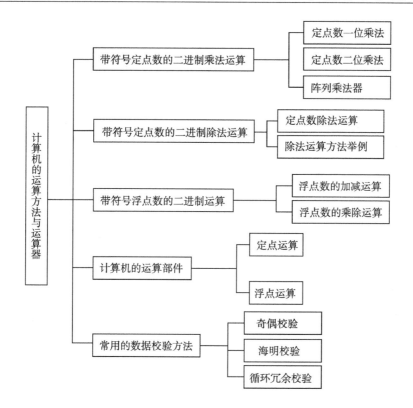

图 3.1　计算机的运算方法与运算器知识结构（续图）

导入案例

　　数据信息是计算机加工和处理的对象，数据信息的表示方法将直接影响到计算机的结构和性能。随着信息技术的迅速发展，计算机的应用范围越来越广泛。但是数据包括数值型数据和非数值型的数据，如数字、汉字、字符等在计算机中是如何表示的；这些数据是怎样进行计算的，如何去实现运算包括算术运算和逻辑运算，这些仍然是最基本的问题。我们知道计算机只认识二进制编码所表示的数据，也只能够对二进制表示的数据进行加工和处理，因此需要将数据转换为二进制编码。数据的运算主要在运算器中完成，运算器主要用于数据的加工和处理。在运算器中数据的表示方法和运算方法等决定了运算器的结构。本章主要内容是介绍数据包括数值数据和非数值数据的表示方法，以及数据的运算方法包括定点运算方法和浮点运算方法以及实现。

3.1 数值数据与非数值数据的表示

计算机可以处理数值、文字、图像、声音、视频，甚至各种模拟信息量等各种数据形式。在计算机系统内部，这些形式的信息可以表示成文件、图、表、树、阵列、队列、链表、栈、向量、串、实数、整数、布尔数、字符等。当然，这些数据类型在计算机内部并不都是直接用硬件实现的。只有一些常用的几种基本数据类型，例如：定点数（整数）、浮点数（实数）、逻辑数（布尔数）、十进制数、字符、字符串等是硬件能够直接识别，并且能够被指令系统直接调用的。对于那些复杂的数据类型则是由一些基本的数据类型按照某种结构描述方式在软件中加实现的，这些问题是数据结构研究的问题。

3.1.1 数值数据

3.1.1.1 数值数据

数值数据是指具有数量大小、数值多少、有量的概念的数值，可以进行各种算术运算。

在日常生活中，人们广泛使用的是十进制数，在十进制中，每个数位规定使用的数码为 0，1，2，…，9，共 10 个，其计数规则是"逢十进一"。

对于任意一个十进制数 $(N)_{10}$ 可以表示为：

$$(N)_{10} = a_{n-1}a_{n-2}\cdots a_1 a_0 \cdot a_{-1} a_{-2}\cdots a_{-m}$$

$$= a_{n-1} \times 10^{n-1} + a_{n-2} \times 10^{n-2} + \cdots + a_1 \times 10^1 + a_0 \times 10^0 + a_{-1} \times 10^{-1} +$$

$$a_{-2} \times 10^{-2} + \cdots + a_{-m} \times 10^{-m}$$

$$= \sum_{i=-m}^{n-1} a_i \times 10^i$$

式中，n 代表整数位数，m 代表小数位数，a_i（$-m \leqslant i \leqslant n-1$）表示第 i 位数码，它可以是 0，1，2，3，…，9 中的任意一个，10^i 为第 i 位数码为 1 时的值。

3.1.1.2 数制

什么是数制？数制也称计数制，是用一组固定的符号和统一的规则来表示数值的方法。按照进位方式计数的数制叫进位计数制。每种进位计数制中允许使用的数码总数称为基数或底数，某个数位上数码为"1"时所表征的数值，称为该数位的权值，简称"权"。各个数位的权值均可表示成 R^i 的形式，其中 R 是进位基数，i 是各数位的序号。

由于日常生活中大都采用十进制计数，因此对十进制最习惯。除了常用的十进制以外还有二进制、八进制、十六进制。

在二进制中，每个数位规定使用的是 0，1 共 2 个数码，故其进位基数 R 为 2。其计数规则是"逢二进一"。各位的权值为 $2i$，i 是各数位的序号。二进制数用下标"B"表示。例如：

$$(1011.01)_B = 1 \times 2^3 + 0 \times 2^2 + 1 \times 2^1 + 1 \times 2^0 + 0 \times 2^{-1} + 1 \times 2^{-2}$$

在八进制中，每个数位上规定使用的数码为 0，1，2，3，4，5，6，7，共 8 个，故其进位基数 R 为 8。其计数规则为"逢八进一"。各位的权值为 8^i，i 是各数位的序号。八进制数用下标"O"表示。例如：

$$(75.2)_O = 7 \times 8^1 + 5 \times 8^0 + 2 \times 8^{-1}$$

在十六进制中，每个数位上规定使用的数码符号为 0，1，2，…，9，A，B，C，D，E，F，共 16 个，故其进位基数 R 为 16。其计数规则是"逢十六进一"。各位的权值为 $16i$，i 是各个数位的序号。十六进制数用下标"H"表示，例如：

$$(B2C.5A)_H = 11 \times 16^2 + 2 \times 16^1 + 12 \times 16^0 + 5 \times 16^{-1} + 10 \times 16^{-2}$$

上述十进制数的表示方法也可以推广到任意进制数。对于一个基数为 R（$R \geq 2$）的 R 进制计数制，数 N 可以写为：

$$
\begin{aligned}
(N)_R &= a_{n-1}a_{n-2}\cdots a_1 a_0 \cdot a_{-1}a_{-2}\cdots a_{-m} \\
&= a_{n-1} \times R^{n-1} + a_{n-2} \times R^{n-2} + \cdots + a_1 \times R^1 + a_0 \times R^0 + a_{-1} \times R^{-1} + \\
&\quad a_{-2} \times R^{-2} + \cdots + a_{-m} \times R^{-m} \\
&= \sum_{i=-m}^{n-1} a_i R^i
\end{aligned}
$$

式中，n 代表整数位数，m 代表小数位数，a_i 为第 i 位数码，它可以是 0，1，…，（$R-1$）个不同数码中的任何一个，R_i 为第 i 位数码的权值。

3.1.2 非数值数据

现代计算机除了处理数值领域的问题以外，还能够处理很多非数值领域的问题。因此需要引入诸如文字、字母等一些专用的符号，以方便表示文字语言、逻辑语言等信息。例如，在进行人机交互时采用的字母、标点符号、汉字、算术运算的诸如 +、−、% 等符号。在进行非数值信息的输入时，需要表示成二进制的格式，因此需要对非数值数据进行编码。常用的编码方式有以下几种：

3.1.2.1 ASCII 码

西文是由拉丁字母、数字、标点符号及一些特殊符号所组成，它们通称为字符（Character）。所有字符的集合称为字符集。字符集中每一个字符各有一个代码（字符的二进制表示），它们互相区别，构成了该字符集的代码表，简称码表。

字符集有多种，每一字符集的编码也多种多样，目前计算机使用的最广泛的西文字符集及其编码是 ASCII 码，即美国标准信息交换码（American Standard Code for Information Interchange）。它已被国际标准化组织（ISO）批准为国际标准，称为 ISO 646 标准。它适用于所有的拉丁文字字母，已在全世界通用。

标准的 ASCII 码是 7 位码，用一个字节表示，最高位是 0，可以表示 2^7 即128 个字符。前 32 个码和最后一个码是计算机系统专用的，是不可见的控制字符。数字字符 "0" 到 "9" 的 ASCII 码是连续的，从 30H 到 39H（H 表示是十六进制数）；大写字母 "A" 到 "Z" 和小写英文字母 "a" 到 "z" 的 ASCII 码也是连续的，分别从 41H 到 54H 和从 61H 到 74H。因此在知道一个字母或数字的编码后，很容易推算出其他字母和数字的编码。

例如：大写字母 A，其 ASCII 码为 1000001，即 ASC（A）= 65

小写字母 a，其 ASCII 码为 1100001，即 ASC（a）= 97

表的第 000 列和第 001 列中共 32 个字符，称为控制字符，它们在传输、打印或显示输出时起控制作用。常用的控制字符的作用如下：

BS（Back Space）：退格	HT（Horizontal Table）：水平制表
LF（Line Feed）：换行	VT（Vertical Table）：垂直制表
FF（Form Feed）：换页	CR（Carriage Return）：回车
CAN（Cancel）：作废	ESC（Escape）：换码
SP（Space）：空格	DEL（Delete）：删除

虽然 ASCII 码是 7 位编码，但由于字节是计算机中的基本处理单位，故一般仍以一字节来存放一个 ASCII 字符。每个字节中多余的一位（最高位 b7），在计算机内部一般保持 0。

西文字符集的编码不止 ASCII 码一种，较常用的还有一种是用 8 位二进制数表示字符的 EBCDIC 码（Extended Binary Coded Decimal Interchange Code，扩展的二十进制交换码），该码共有 256 种不同的编码状态，在某些大型计算机中比较常用。

在了解了数值和字符在计算机中的表示之后，读者可能已经产生一个疑问：在计算机的内存中，如何区分二进制表示的数值和字符呢？实际上，面对一个孤立的字节如 65，我们无法区分它是字母 A 还是数值 65，但存放和使用这个数据的软件会保存有关的类型信息。

表 3.1　7 位 ASCII 码

				b7	0	0	0	0	1	1	1	1
				b6	0	0	1	1	0	0	1	1
				b5	0	1	0	1	0	1	0	1
b4	b3	b2	b1	列／行	0	1	2	3	4	5	6	7
0	0	0	0	0	NUL	DLE	SP	0	@	P	`	p
0	0	0	1	1	SOH	DC1	!	1	A	Q	a	q
0	0	1	0	2	STX	DC2	"	2	B	R	b	r
0	0	1	1	3	ETX	DC3	#	3	C	S	c	s
0	1	0	0	4	EOF	DC4	$	4	D	T	d	t
0	1	0	1	5	ENQ	NAK	%	5	E	U	e	u
0	1	1	0	6	ACK	SYN	&	6	F	V	f	v
0	1	1	1	7	BEL	ETB	'	7	G	W	g	w
1	0	0	0	8	BS	CAN	(	8	H	X	h	x
1	0	0	1	9	HT	EM	)	9	I	Y	i	y
1	0	1	0	10	LF	SUB	*	:	J	Z	j	z
1	0	1	1	11	CR	ESC	+	;	K	[	k	{
1	1	0	0	12	VT	IS4	,	<	L	\	l		
1	1	0	1	13	CR	IS3	−	=	M	]	m	}
1	1	1	0	14	SO	IS2	.	>	N	^	n	~
1	1	1	1	15	SI	IS1	/	?	O	_	o	DEL

3.1.2.2　汉字编码

英文是拼音文字，ASCII 码的字符基本可以满足英文处理的需要，编码采用一个字节，实现和使用起来都比较容易，而汉字是象形文字，种类繁多，编码比较困难。在汉字信息处理中涉及的部分编码及流程如图 3.2 所示。

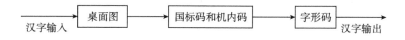

图 3.2　国标码的格式

（1）汉字输入编码。由于计算机最早是由西方国家研制开发的，最重要的信息输入工具——键盘是面向西文设计的，一个或两个西文字符对应着一个按键，非常方便。但汉字是大字符集，专用汉字输入键盘难以实现。汉字输入编码是指采用标准键盘上按键的不同排列组合来对汉字的输入进行编码，目前汉字的输入编码方案有几百种之多，目前常用的输入法大致分为两类：

1）拼音码。拼音码主要是以汉语拼音为基础的编码方案，如全拼、双拼、自然码、智能 ABC 输入法、紫光拼音输入法等，其优点是与中国人的习惯一致，容易学习。但由于汉字同音字很多，输入的重码率很高，因此在字音输入后还必须在同音字中进行查找选择，影响了输入速度。有些输入法有词组输入和联想的功能，在一定程度上弥补了这方面的缺陷。

2）字形编码。字形编码主要是根据汉字的特点，按照汉字固有的形状，把汉字先拆分成部首，然后进行组合。代表性输入法有五笔字型输入法、郑码输入法等。五笔字型输入法需要记住字根、学会拆字和形成编码，使用熟练后可实现较高的输入速度，适合专业录入员，目前使用比较广泛。

一般来讲，能够被接受的编码方案应具有下列特点：易学习、易记忆、效率高（击键次数少）、重码少、容量大（包含汉字的字数多）等。截至目前，还没有一种在所有方面都很好的编码方法。为了提高输入速度，输入方法走向智能化是目前研究的内容，未来的智能化方向是基于模式识别的语音输入识别、手写输入识别和扫描输入。

不管采用何种输入法，都是操作者向计算机输入汉字的手段，而在计算机内部，汉字都是以机内码的形式表示的。

（2）汉字国标码和机内码。国家标准汉字编码简称国标码。该编码集的全称是"信息交换用汉字编码字符集－基本集"，国家标准代号是"GB2312－80"，1980 年发布。

国标码中收集了两级汉字，共约 7445 个汉字及符号。其中，一级常用汉字 3755 个，汉字的排列顺序为拼音字典序；二级常用汉字 3008 个，排列顺序为偏旁序；还收集了 682 个图形符号。一般情况下，该编码集中的二级汉字及符号已足够使用。

为了编码，将汉字分成若干个区，每个区中有 94 个汉字，区号和位号构成了区位码。例如，"中"字位于第 54 区 48 位，区位码为 5448。为了与 ASCII 码兼容，将区号和位号各加 32 就构成国标码。

国标码规定：一个汉字用两个字节来表示，每个字节只用前七位，最高位均未作定义（见图 3.3）。为了方便书写，常常用四位十六进制数来表示一个汉字。

b_7	b_6	b_5	b_4	b_3	b_2	b_1	b_0	b_7	b_6	b_5	B_4	B_3	b_2	b_1	b_0
0	×	×	×	×	×	×	×	0	×	×	×	×	×	×	×

图 3.3　国标码的格式

3.2   进制及其相互转换

计算机内部所有的信息采用二进制编码表示。但在计算机外部，为了书写和阅读的方便，大都采用八、十或十六进制表示形式。因此，计算机在数据输入后或输出前都必须实现这些进位制数之间的转换。

3.2.1   任意进制转换成十进制

R 进制数转换成十进制数时，只要"按权展开"即可。即把要转换的数按位权展开，然后进行相加计算。

【例 3.1】 把 $(10111.101)_2$ 转换成十进制数。

$$
\begin{aligned}
(10111.101)_2 &= 1 \times 2^4 + 0 \times 2^3 + 1 \times 2^2 + 1 \times 2^1 + 1 \times 2^0 + 1 \times 2^{-1} + 0 \times 2^{-2} + \\
&\quad\ 1 \times 2^{-3} \\
&= 16 + 0 + 4 + 2 + 1 + 0.5 + 0.125 \\
&= 23.625
\end{aligned}
$$

【例 3.2】 把 $(245.6)_8$ 转换成十进制数。

$$
\begin{aligned}
(245.6)_8 &= 2 \times 8^2 + 4 \times 8^1 + 5 \times 8^0 + 6 \times 8^{-1} \\
&= 128 + 32 + 5 + 0.75 \\
&= 165.75
\end{aligned}
$$

【例 3.3】 把 $(2FA.8)_{16}$ 转换成十进制数。

$$
\begin{aligned}
(2FA.8)_{16} &= 2 \times 16^2 + 15 \times 16^1 + 10 \times 16^0 + 8 \times 16^{-1} \\
&= 512 + 240 + 10 + 0.5 \\
&= 762.5
\end{aligned}
$$

3.2.2   十进制转换成任意进制

任何一个十进制数转换成 R 进制数时，要将整数和小数部分分别进行转换，各自得出结果后用小数点连接。

（1）整数部分的转换。整数部分的转换方法是"除基取余倒序法"。也就是说，用要转换的十进制整数去除以基数 R，将得到的余数保留作为结果数据中各位的数字，直到余数为 0 为止。上面的余数即最先得到的余数作为最低位，最后得到的余数作为最高位进行排列。

【例 3.4】 把十进制数 245 转换成二进制数。

```
                           余数          低位
           2 | 245          1            ↑
           2 | 122          0
           2 | 61           1
           2 | 30           0
           2 | 15           1
  (245      2 | 7           1
           2 | 3            1
           2 | 1            1
              0                          高位
```

（2）小数部分的转换。小数部分的转换方法是"乘基取整顺序法"。即用要转换的十进制小数去乘以基数 R，将得到的乘积的整数部分作为结果数据中各位的数字，余下的小数部分继续与基数 R 相乘。依次类推，直到某一步乘积的小数部分为 0 或已得到希望的位数为止。最后，将得到的整数部分最先得到的作为最高位，最后得到的作为最低位进行排列。

在进行转换过程中，可能有乘积的小数部分始终得不到 0 的情况，这时只要算到相应位数即可。

【例 3.5】 把十进制小数 0.6875 转换成二进制数。

$$0.6875 \times 2 = 1.375 \qquad 整数部分 = 1 \qquad 高位$$
$$0.375 \times 2 = 0.750 \qquad 整数部分 = 0$$
$$0.75 \times 2 = 1.5 \qquad 整数部分 = 1 \qquad \downarrow$$
$$0.5 \times 2 = 1.0 \qquad 整数部分 = 1 \qquad 低位$$

$$(0.6875)_{10} = (0.1011)_2$$

【例 3.6】 把十进制数 37.125 转换成二进制数和八进制数。

十进制转换为二进制数

整数部分：将十进制数 37 转换为二进制

```
                        余数          低位
          2 | 37         1            ↑
          2 | 18         0
          2 | 9          1
          2 | 4          0
          2 | 2          0
          2 | 1          1
             0                        高位
```

小数部分：将十进制数 0.125 转换为二进制

$$0.125 \times 2 = 0.25 \qquad 整数部分 = 0$$
$$0.25 \times 2 = 0.5 \qquad 整数部分 = 0$$
$$0.5 \times 2 = 1.0 \qquad 整数部分 = 1$$

高位
↓
低位

$$(37.125)_{10} = (100101.001)_2$$

3.2.3 二进制与八进制、十六进制转换

3.2.3.1 二进制转换为八、十六进制

二进制数转换成八进制数（或十六进制数）时，其整数部分和小数部分可以同时进行转换。其方法是：以二进制数的小数点为中心，分别向左、向右分组，每三位（或四位）分一组。对于小数部分，最低位一组不足三位（或四位）时，必须在有效位右边补 0，使其足位。对于整数部分，最高位一组不足位时，可在有效位的左边补 0。然后，把每一组二进制数转换成对应的八进制（或十六进制）数，并保持原排序。

【例 3.7】把 $(1010101010.1010101)_2$ 转换为八进制数和十六进制数。

001 010 101 010 . 101 010 100
 1   2   5   2 . 5   2   4

即 $(1010101010.1010101)_2 = (1252.524)_8$

0010 1010 1010 . 1010 1010
  2   A   A .   A   A

即 $(1010101010.1010101)_2 = (2AA.AA)_{16}$

3.2.3.2 八、十六进制转换为二进制

这个过程是上述的逆过程，1 位八进制数相当于 3 位二进制数，1 位十六进制数相当于 4 位二进制数。

【例 3.8】把 $(1357.246)_8$ 和 $(147.9BD)_{16}$ 转换为二进制数。

 1   3   5   7. 2   4   6
01 011 101 111.010 100 110

即 $(1357.246)_8 = (1011101111.01010011)_2$

1   4 7. 9   B   D
0001 0100 0111. 1001 1011 1101

即 $(147.9BD)_{16} = (101000111.100110111101)_2$

3.2.4 十六进制转换成八进制

十六进制和八进制进行转换时，可先将十六进制转换成二进制，再将得到的二进制转换为八进制。

【例3.9】把 $(5A.4E)_{16}$ 转换为八进制数。

5	A	.	4	E
0101	1010	.	0100	1110

001 011 010 . 010 011 100

1   3   2   .   2   3   4

即 $(5A.4E)_{16} = (132.234)_8$

3.3 带符号数的二进制的表示

在日常生活中，我们习惯用正、负符号来表示正数、负数。如果采用正、负符号加二进制绝对值，则这种数值称为真值。

在计算机内部，数据是以二进制的形式存储和运算的。以一个字节为例，假设该字节表示无符号的正整数，那么，90 的表示形式如下：

0	1	0	1	1	0	1	0

而要表示带符号的整数，则必须将正负符号表示出来。一般数的正负用高位字节的最高位表示，定义为符号位，用"0"表示正数，"1"表示负数，例如，在机器中用8位二进制表示一个有符号整数 +90，其格式为：

符号位，0 表示正

而用8位二进制表示一个有符号整数 -89，其格式为：

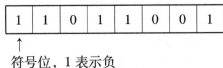

符号位，1 表示负

在计算机内部，数字和符号都用二进制码表示，两者合在一起构成数的机内表示形式，称为机器数，而它真正表示的带有符号的数称为这个机器数的真值。机器数是二进制数在计算机内的表示形式。

可以看出，计算机中表示的数是有范围的。无符号整数中，所有二进制位全部用来表示数的大小，有符号整数用最高位表示数的正负号，其他位表示数的大小。如果用一个字节表示一个无符号整数，其取值范围是 $0 \sim 255$（2^8-1），表示一个有符号整数，则能表示的最大正整数为 01111111（最高位为符号位），最大值为 127，其取值范围 $-128 \sim +127$（$-2^7 \sim +2^7 - 1$）。

运算时，若数值超出机器数所能表示的范围，就会产生异常而停止运算和处理，这种现象称为溢出。机器数在机内有三种不同的表示方法，这就是原码、反码和补码。

3.3.1　原码表示

用首位表示数的符号，0 表示正，1 表示负，其他位为数的真值的绝对值，这样表示的数就是数的原码。

例如：$X = (+105)$　　　　　$[X]_原 = (01101001)_2$

　　　　$Y = (-105)$　　　　　$[Y]_原 = (11101001)_2$

0 的原码有两种，即　　　　　$[+0]_原 = (00000000)_2$

　　　　　　　　　　　　　　$[-0]_原 = (10000000)_2$

原码的表示规律：正数的原码是它本身，负数的原码是真值取绝对值后，在最高位（左端符号位）填 "1"。

原码简单易懂，与真值转换起来很方便。但是若两个相异的数相加和两个同号的数相减就要做减法，就必须判别这两个数哪一个的绝对值大，用绝对值大的数减绝对值小的数，运算结果的符号就是绝对值大的那个数的符号，这样操作比较麻烦，运算的逻辑电路实现起来比较复杂。

为了克服原码的上述缺点，引进了反码和补码表示法。补码的作用在于能把减法运算化成加法运算，现代计算机都是采用补码形式机器数的。

3.3.2　反码表示

反码使用得较少，它只是补码的一种过渡。所谓反码，就是对负数特别处理一下，将其原码除符号位外，逐位取反所得的数，而正数的反码则与其原码形式相同。用数学式来描述这段话，即为反码定义为：

$$[X]_反 = \begin{cases} X & 2^{n-1} > X \geq 0 \\ 2^n - 1 - |X| & 0 \geq X > -2^{n-1} \end{cases}$$

正数的反码与其原码相同，负数的反码求法是，符号位不变，其余各位按位取反，即 0 变成 1，1 变成为 0。例如：

$[+65]_原 = (01000001)_2$　　　　$[+65]_反 = (01000001)_2$

$[-65]_原 = (11000001)_2$　　　　$[-65]_反 = (10111110)_2$

0 的反码有两种，即　　　　　　$[+0]_反 = (00000000)_2$

　　　　　　　　　　　　　　　$[-0]_反 = (11111111)_2$

3.3.3 补码表示

补码能够化减法为加法，实现类似于代数中的 $x - y = x + (-y)$ 运算，便于电子计算机电路的实现。对于 n 位计算机，某数 x 的补码定义为：

$$[X]_{补} = \begin{cases} X & 2^{n-1} > X \geq 0 \\ 2^n - |X| & 0 > X \geq -2^{n-1} \end{cases}$$

即正数的补码等于正数本身，负数的补码等于模（即 2^n）减去它的绝对值，即用它的补数来表示。在实际中，补码可用如下规则得到：

①若某数为正数，则补码就是它的原码；

②若某数为负，则将其原码除符号位外，逐位取反（即 0 变 1，1 变 0），末位加 1。

【例 3.10】对于 8 位二进制表示的整数，求：$+91 \ -91 \ +1 \ -1 \ +0 \ -0$ 的补码。

解：8 位计算机，模为 2^8，即二进制数 100000000，相当于十进制数 256。

$X = (+91)_{10} = (+1011011)_2 \qquad [X]_{补} = (01011011)_2$

$X = (-91)_{10} = (-1011011)_2 \qquad [X]_{补} = 100000000 - 01011011 = (10100101)_2$

$X = (+1)_{10} = (+0000001)_2 \qquad [X]_{补} = (00000001)_2$

$X = (-1)_{10} = (-0000001)_2 \qquad [X]_{补} = 100000000 - 0000001 = (11111111)_2$

$X = (+0)_{10} = (+0000000)_2 \qquad [X]_{补} = (00000000)_2$

$X = (-0)_{10} = (-0000000)_2 \qquad [X]_{补} = (00000000)_2$

反过来，将补码转换为真值的方法是：

①若符号位为 0，则符号位后的二进制数就是真值，且为正；

②若符号位为 1，则将符号位后的二进制序列逐位取反，末位加 1，所得结果即为真值，符号位为负。

【例 3.11】求 $[11111111]_{补}$ 的真值

解：第一步：除符号位外，每位取反 10000000

第二步：再加 1，得到原码为 $(10000001)_2$

真值为 $(-0000001)_2$

在计算机中，补码运算遵循以下基本规则：

$$[x \pm y]_{补} = [x]_{补} \pm [y]_{补}$$

它的含义是：

①两个补码加减结果也是补码。

②运算时，符号位同数值部分作为一个整体参加运算，如果符号有进位，

则舍去进位。

3.3.4　移（增）码表示

移码也叫增码或偏码，常用于表示浮点数中的阶码。对于字长为 n 的计算机，若最高位为符号位，数值为 $n-1$ 位当偏移量取为 2^{n-1} 时，其真值 X 所对应的移码的表示公式为：

$$[X]_{移} = 2^{n-1} + X \qquad (-2^{n-1} \leqslant X < 2^{n-1})$$

移码和补码之间的关系：

当 $0 \leqslant X < 2^{n-1}$ 时，$[X]_{移} = 2^{n-1} + X = 2^{n-1} + [X]_{补}$

当 $-2^{n-1} \leqslant X < 0$ 时，$[X]_{移} = 2^{n-1} + X = (2^n + X) - 2^{n-1} = [X]_{补} - 2^{n-1}$

可见，$[X]_{移}$ 可由 $[X]_{补}$ 求得，方法是把 $[X]_{补}$ 的符号位取反，就得到 $[X]_{移}$。

移码具有以下特点：

在移码中，最高一位为符号位，为 0 表示负数，最高位为 1 表示正数，这与原码、补码、反码的符号位取值正好相反。移码常用于表示浮点数的阶码，通常只使用整数。对移码一般只执行加减运算，在对两个浮点数进行乘除运算时，是尾数实现乘除运算，阶码执行加减运算。对阶码执行加减运算时，需要对得到的结果加以修正，修正量为 $2n-1$，即要对符号位的结果取反后，才得到移码形式的结果。

在移码的表示中，真值 0 有唯一的编码，即 $[0]_{移} = 1000\cdots0$，而且，机器零的形式为 $000\cdots000$。即当浮点数的阶码 $\leqslant -2^{n-1}$ 时，不管尾数值的大小如何，都属于浮点数下溢，被认为其值为 0，这时，移码表示的阶码值正好是每一位都为 0 的形式，与补码的 0 完全一致。这有利于简化机器中的判零线路。

移码为全 0 时所对应的真值最小，为全 1 时所对应的真值最大。因此，移码的大小直观地反映了真值的大小，这将有助于两个浮点数进行阶码大小比较。移码把真值映射到一个正数域，所以可将移码视为无符号数，直接按无符号数规则比较大小。同一数值的移码和补码除最高位相反外，其他各位相同。

3.3.5　定点数和浮点数表示

实数有整数部分也有小数部分。实数机器数小数点的位置是隐含规定的。若约定小数点位置是固定的，这就是定点表示法；若给定小数点的位置是可以变动的，则成为浮点表示法。它们不但关系到小数点的问题，而且关系到数的表示范围、精度以及电路复杂程度。

3.3.5.1　定点数

对于带有小数的数据，小数点不占二进制位而是隐含在机器数里某个固定位置上，这样表示的数据称为定点数。通常采取两种简单的约定：一种是约定所有机器数的小数的小数点位置隐含在机器数的最低位之后，叫定点纯整机器数，简称定点整数。如：

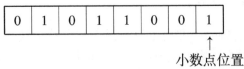

若有符号位，符号位仍在最高位。因小数点隐含在数的最低位之后，所以上数表示 $+1011001B$。另一种是约定所有机器数的小数点隐含在符号位之后、有效部分最高位之前，即定点纯小数机器数，简称定点小数，例如：

1	0	0	1	1	0	0	1

↑
小数点位置

最高位是符号，小数点在符号位之后，所以上数表示 $-0.0011001B$。

无论是定点整数，还是定点小数，都可以有原码、反码和补码三种形式。例如定点小数：

1	1	1	1	0	0	0	0

如果这是个原码表示的定点小数，$[x]_原 = (11110000)_B$，则 $x = (-0.1110000)_2 = (-0.875)_{10}$，如这是补码表示的定点小数，$[x]_补 = (11110000)_2$，则 $[x]_原 = (10010000)_2$，则 $x = (-0.0010000)_2 = (-0.125)10$。

3.3.5.2 浮点数

计算机多数情况下采用浮点数表示数值，它与科学计数法相似，把一个二进制数通过移动小数点位置表示成阶码和尾数两部分：

$$N = 2^E \times S$$

其中：E——N 的阶码，是有符号的整数

S——N 的尾数，是数值的有效数字部分，一般规定取二进制定点纯小数形式。

【例3.12】 $(0011101)_2 = 2^{+5} \times 0.11101$， $(101.1101)_2 = 2^{+3} \times 0.1011101$， $(0.01011101)_2 = 2^{-1} \times 0.1011101$

浮点数的格式如下：

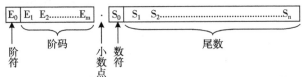

浮点数由阶码和尾数两部分组成，底数 2 在机器数中不出现，是隐含的。阶码的正负符号 $E0$，在最前位，阶反映了数 N 小数点的位置，常用补码表示。二进制数 N 小数点每左移一位，阶增加 1。尾数是这点小数，常取补码或原码，码制不一定与阶码相同，数 N 的小数点右移一位，在浮点数中表现为尾数左移一位。尾数的长度决定了数 N 的精度。尾数符号叫尾符，是数 N 的符号，也占一位。

【例 3.13】写出二进制数（-101.1101）$_2$ 的浮点数形式，设阶码取 4 位补码，尾数是 8 位原码。

$-101.1101 = -0.1011101 \times 2^{+3}$

浮点形式为：

阶码 0011　　　　尾数 11011101

补充解释：阶码 0011 中的最高位"0"表示指数的符号是正号，后面的"011"表示指数是"3"；尾数 11011101 的最高位"1"表明整个小数是负数，余下 1011101 是真正的尾数。

浮点数运算后结果必须化成规格化形式，所谓规格化，是指对于原码尾数来说，应使最高位数字 $S_1 = 1$，如果不是 1 且尾数不是全 0 时就要移动尾数直到 $S_1 = 1$，阶码相应变化，保证 N 值不变。

【例 3.14】计算机浮点数格式如下：阶码部分用 4 位（阶符占一位）补码表示；尾数部分用 8 位（数符占一位）规格化补码表示，写出 $x =$（0.0001101）$_2$ 的规格化形式。

解：

$x = 0.0001101 = 0.1101 \times 10^{-3}$

又 $[-3]_{补} = [-011]_{补} = [1011]_{补} =$（$1101$）$_2$

所以规格化浮点数形式是

1	101	0	1101000

3.4　带符号定点数的二进制加减法运算

3.4.1　补码加法运算

定点补码运算性质：两数补码之和等于两数之和的补码。

$$[x]_{补} + [y]_{补} = [x+y]_{补} \qquad\qquad (3.1)$$

下面以模为2定义的补码为例分四种情况加以证明

（1）$x>0$，$y>0$，则 $x+y>0$。

两个加数都是正数，因此其和也一定是正数。正数的补码和原码相同，根据数据补码定义可得：

$$[x]_{补} + [y]_{补} = x+y = [x+y]_{补}$$

（2）$x>0$，$y<0$，则 $x+y>0$ 或 $x+y<0$。

两个加数一个为正数，一个为负数，因此其和有正负两种可能。根据数据补码定义，

$$[x]_{补} = x,\ [y]_{补} = 2^{n+1}+y$$

有 $[x]_{补} + [y]_{补} = x+2^{n+1}+y = 2^{n+1}+(x+y) = [x+y]_{补}$

（3）$x<0$，$y>0$，则 $x+y>0$ 或 $x+y<0$。

这种情况和第2种情况一样，把 x 和 y 的位置调换即得证明

（4）$x<0$，$y<0$，则 $x+y<0$。

两个加数均为负数，因此其和为负数。根据数据补码定义，

$$[x]_{补} = 2^{n+1}+x,\ [y]_{补} = 2^{n+1}+y$$

有 $[x]_{补} + [y]_{补} = 2^{n+1}+x+2^{n+1}+y = 2^{n+1}+(2^{n+1}+x+y) = [x+y]_{补}$

至此证明在模 2^{n+1} 意义下，任意两个数的补码之和等于两个数和的补码。这是补码加法的理论基础。

3.4.2　补码减法运算

负数的加法要利用补码来实现，减法同样通过转变成加法来实现。这样可以和常规的加法运算使用同一个加法器电路来实现，进而达到简化计算机设计的目的。

减法公式为：$[x]_{补} - [y]_{补} = [x-y]_{补} = [x]_{补} + [-y]_{补}$ (3.2)

由于 $[x+(-y)]_{补} = [x]_{补} + [-y]_{补}$

所以要证明 $[x]_{补} - [y]_{补} = [x]_{补} + [-y]_{补}$ (3.3)

只要证明 $[-y]_{补} = -[y]_{补}$，就可以证明利用补码将减法运算化为加法运算是可行的。现证明如下：

因为 $[x+y]_{补} = [x]_{补} + [y]_{补}$

所以 $[y]_{补} = [x+y]_{补} - [x]_{补}$ (3.4)

又 $[x-y]_{补} = [x+(-y)]_{补} = [x]_{补} + [-y]_{补}$

所以 $[-y]_{补} = [x-y]_{补} - [x]_{补}$ (3.5)

将式（3.4）与式（3.5）相加，得

$[-y]_{补} + [y]_{补} = [x+y]_{补} + [x-y]_{补} - [x]_{补} - [x]_{补}$

$$= [x+y+x-y]_{补} - [x]_{补} - [x]_{补}$$
$$= [x+x]_{补} - [x]_{补} - [x]_{补}$$
$$= 0$$

因此　　　　　　　　　　$[-y]_{补} = -[y]_{补}$　　　　　　　　　(3.6)

我们不难发现，只要通过 $[y]_{补}$ 求得 $[-y]_{补}$，就可以将补码的减法运算化为补码加法运算。已知 $[y]_{补}$ 求 $[-y]_{补}$ 的法则是：对 $[y]_{补}$ 包括符号位"求反且最末位加 1"，即可得到 $[-y]_{补}$。

【例 3.15】设 $x = -0.1100$，$y = -0.0110$，求 $x-y$。

解：$[x]_{补} = 1.0100$

$[y]_{补} = 1.1010$，$[-y]_{补} = 0.0110$

$$
\begin{array}{r@{\;}l}
[x]_{补} & 1.0100 \\
+\ [-y]_{补} & 0.0110 \\
\hline
[x-y]_{补} & 1.1010
\end{array}
$$

所以 $x-y = -0.01110$

3.4.3　加法运算的溢出处理方法

上面介绍了补码的加法和减法运算，获得正确结果的前提条件是在运算的结果不超过机器所能表示的数的范围。在定点整数机器数中，数的表示范围为 $|x| < (2^n - 1)$。在运算的过程中如果运算结果超过了机器所能表示的数值范围的现象，称为"溢出"。在定点机中，正常情况下溢出是不允许的。

【例 3.16】设 $x = +0.1101$，$y = +0.1001$，求 $x+y$。

解：$[x]_{补} = 0.1101$，$[y]_{补} = 0.1001$

$$
\begin{array}{r@{\;}l}
[x]_{补} & 0.1101 \\
+\ [y]_{补} & 0.1001 \\
\hline
[x+y]_{补} & 1.0010
\end{array}
$$

所以 $x+y = -0.0010$

两正数相加，结果为负，显然错误。

【例 3.17】设 $x = -0.1101$，$y = -0.1001$，求 $x+y$。

解：$[x]_{补} = 1.0011$，$[y]_{补} = 1.0111$

$$
\begin{array}{r@{\;}l}
[x]_{补} & 1.0011 \\
+\ [y]_{补} & 1.0111 \\
\hline
[x+y]_{补} & 10.1010
\end{array}
$$

两负数相加，结果为正，显然这同样是错误的。

通过分析我们可以看到，当最高有效数值位的运算进位与符号位的运算进位不一致时，将产生运算"溢出"。当最高有效位产生进位而符号位无进位时，产生上溢；当最高有效位无进位而符号位有进位时，产生下溢。判断溢出的方法一般有如下两种，即双符号位法和进位判断法。

3.4.3.1 双符号位法（变形补码法）

双符号位法，称为"变形补码"或"模 4 补码"，可使模 2 补码所能表示的数的范围扩大一倍。一个符号位只能表明正、负两种情况，当产生溢出时，符号位将会产生混乱。若将符号位用两位表示，则从符号位上就可以很容易判明是否有溢出产生以及运算结果的符号是否正确了。

具体是用两个相同的符号位表示一个数的符号，左边第一位为符号位第一符号位 S_n，相邻的为第二符号位 S_0。现定义双符号位的含义为：00 表示正号；01 表示产生正向溢出；11 表示负号；10 表示产生负向溢出。采用双符号位后，可用逻辑表示式 $V = S_n \oplus S_0$ 来判断溢出情况。若 $V = 0$，则无溢出；$V = 1$，则有溢出。这样，如果运算结果的两个符号位相同，则没有溢出发生；如果运算结果的两个符号位不同，则发生了溢出，但第一符号位永远是结果的真正符号位。为了得到两数变形补码之和等于两数和的变形补码同样必须保证两个符号位都看作数码一样参加运算，同时两个数进行以 2^{n+2} 为模的加法，即最高符号位产生的进位要丢掉。

【例 3.18】 设 $x = +0.1101$，$y = +0.0100$，求 $x + y$。

解：$[x]_补 = 00.1101$，$[y]_补 = 00.0100$

$$
\begin{array}{r}
[x]_补 \quad 00.1101 \\
+ \ [y]_补 \quad 00.0100 \\
\hline
[x+y]_补 \quad 01.0001
\end{array}
$$

【例 3.19】 设 $x = -0.1101$，$y = +0.0111$，求 $x - y$。

解：$[x]_补 = 11.0011$

$[y]_补 00.0111$，$[-y]_补 = 11.1001$

$$
\begin{array}{r}
[x]_补 \quad 11.0011 \\
+ \ [-y]_补 \quad 11.1001 \\
\hline
[x-y]_补 \quad \boxed{1}\ 10.1100
\end{array}
$$

└─── 已超出模值，丢掉

两符号位为 10，表示出现负向溢出。

3.4.3.2 进位判断法

进位判断法也称"单符号位法"。当最高有效位产生进位而符号位无进位时，产生上溢；当最高有效位无进位而符号位有进位时，产生下溢。故溢出逻辑表达式为：$V = C_f \oplus C_0$。其中：C_f 为符号位产生的进位，C_0 为最高有效位产生的进位。此逻辑关系可用异或门方便地实现。在定点机中，当运算结果发生溢出时，机器通过逻辑电路自动检查出溢出故障，并进行中断处理。

3.5 带符号定点数的二进制乘法运算

在计算机中，实现乘、除运算的方法通常有三种：

（1）软件方法实现。在低档微机的指令系统中没有乘、除运算指令，所以只能用乘法和除法子程序来实现乘、除法运算。

（2）在原有实现加减运算的运算器基础上增加一些逻辑线路，使乘除运算变换成加减和移位操作。指令系统中设有相应的乘、除指令。

（3）运算器中设置专用的乘、除法器，指令系统中设有相应的乘、除指令。

不管采用什么方案实现乘、除法，其基本原理是相同的。

3.5.1 定点数一位乘法运算

3.5.1.1 原码一位乘法算法

由于原码的数值部分与真值相同，所以，考虑原码一位乘法的运算规则或方法时，可以从手算中得到一些启发。即用两个操作数的绝对值相乘，乘积的符号为两操作数符号的异或值（同号为正，异号为负）。

假设 $[X]_原 = X_0 \cdot X_1 X_2 \cdots X_n$　　X_0 为符号

$[Y]_原 = Y_0 \cdot Y_1 Y_2 \cdots Y_n$　　　Y_0 为符号

则 $[X \cdot Y]_原 = [X]_原 \cdot [Y]_原$

$$= (X_0 \oplus Y_0) \mid (X_1 X_2 \cdots X_n) \cdot (Y_1 Y_2 \cdots Y_n) \tag{3.7}$$

符号"｜"表示把符号位和数值连接起来。

【例 3.20】设 $x = +0.11010$，$y = +0.10110$，计算乘积 $z = x \cdot y$

解：$[x]_原 = 0.11010$，$[y]_原 = 0.10110$

乘积的符号位 $z_0 = 0 \oplus 0 = 0$，乘积为正数。

乘积的数值部分是两数的绝对值相乘。开始时，部分积为全"0"。

　　　　高位积　　　　低位积

所以 $z = 0.01000111100$

部分积	乘数	判别位		说明
0. 0 0 0 0 0	1 0 1 1 <u>0</u>			判别位为0，加全0
+ 0. 0 0 0 0 0				
0. 0 0 0 0 0				
0. 0 0 0 0 0	0 1 0 1 <u>1</u>	0	←丢掉	右移一位，判别位为1
+X 0. 1 1 0 1 0				部分积加X
0. 1 1 0 1 0				
0. 0 1 1 0 1	0 0 1 0 <u>1</u>	1	←丢掉	部分积、乘数一起右移1位
+X 0. 1 1 0 1 0				判别位为1，部分积加X
1. 0 0 1 1 1				
0. 1 0 0 1 1	1 0 0 1 <u>0</u>	0	←丢掉	部分积、乘数一起右移1位
+ 0. 0 0 0 0 0				判别位为0，加全0
0. 1 0 0 1 1				再右移1位
0. 0 1 0 0 1	1 1 0 0 <u>1</u>	0	←丢掉	判别位为1，部分积加X
+X 0. 1 1 0 1 0				
1. 0 0 0 1 1				
0. 1 0 0 0 1	1 1 1 0 <u>0</u>	1	←丢掉	右移一位
+ 0. 0 0 0 0 0				判别位为0，全加0
0. 1 0 0 0 1	1 1 1 0 <u>0</u>			
0. 0 1 0 0 0	1 1 1 1 0 <u>0</u>			最后一步部分积、乘数一起右移1位
高位积	低位积			

乘法开始时，寄存器 A 被清为零，作为初始部分积。被乘数存放在寄存器 B 中，乘数存放在寄存器 C 中。乘法开始时，"启动"信号使控制触发器 Cx 置 "1"，于是开启时序脉冲 T。当乘数寄存器 C 最末位为"1"时，部分积 Z 和被乘数在加法器中相加，其结果输出至 A 的输入端。一旦打入控制脉冲 T 到来，控制信号 $A/2$ 使部分积右移一位，与此同时，C 也在控制信号 $C/2$ 作用下右移一位，且计数器 Cd 计数一次。当计数器 $Cd = n$ 时，计数器的溢出信号使触发器 Cx 置 "0"，关闭时序脉冲 T，乘法宣告结束。若将 A 和 C 连接起来，乘法结束时乘积的高 n 位部分在 A，低 n 位部分在 C，C 中原来的乘数由于移位而全部丢失。

计数器 Cd，用来控制逐位相乘的次数。它的初值经常存放乘数位数的补码值，以后每完成一位乘法运算就执行 $Cd + 1$，如果存放的是原码值，则执行 $Cd - 1$，待计数到0时，给出结束乘法运算的信号。

3.5.1.2　定点补码一位乘法

有的机器为方便加减法运算，数据是以补码的形式存放。如采用原码乘法，存在的缺点是符号位需要单独运算，并要在最后给乘积冠以正确的符号，增加了操作步骤。为此，有不少计算机直接采用补码相乘。补码乘法是指采用操作数的补码进行乘法运算，最后乘积仍为补码，能自然得到乘积的正确符号。下面介绍两种常用的补码一位乘法的方法。

（1）校正法。假定被乘数 X 和乘数 Y 是用补码表示的纯小数（下面的讨论同样适用于纯整数），分别为：

$$[X]_{补} = X_0 \cdot X_{-1} X_{-2} \cdots X_{-(n-1)}$$

$$[Y]_{补} = Y_0 \cdot Y_{-1} Y_{-2} \cdots Y_{-(n-1)}$$

其中 X_0 和 Y_0 是它们的符号位，则校正法补码一位乘法的算法公式为：

$$\begin{aligned}
[X \cdot Y]_{补} &= [X]_{补} \left(-Y_0 + 0. Y_{-1} Y_{-2} \cdots Y_{-(n-1)} \right) \\
&= [X]_{补} \left(-Y_0 2^0 + Y_{-1} 2^{-1} + Y_{-2} 2^{-2} + \cdots + Y_{-(n-1)} 2^{-(n-1)} \right)
\end{aligned} \quad (3.8)$$

根据式（3.8）可以看出校正法的规则：

①从补码表示的乘数最低位开始，若为 1 则价补码表示被乘数 $[X]_{补}$。若为 0 则加 0。

②部分积右移一位，再看乘数的下一位，若为 1 则价补码表示被乘数 $[X]_{补}$。若为 0 则加 0。

③重复②直到乘数各位（符号位除外）全部做完，获得结果。

④最后，根据乘数的符号位 Y_0 的状态进行校正。若 $Y_0 = 1$，则在③的结果上加 $[-X]_{补}$；若 $Y_0 = 0$，则③的结果就是计算的乘积。

（2）布斯（BOOTH）法。在校正法中符号位参加运算，结果的符号由运算结果得出，重复执行 n 步右移操作进行相加。当乘数为负时，需进行 $n+1$ 步操作，进行修正。控制起来要复杂一些。我们希望有一个对正数和负数都一致的算法，即当被乘数 X 和乘数 Y 的符号都任意时：应该用比较法补码乘法。比较法又叫 BOOTH 法，是由修正法导出的用两个补码直接相乘后就得到正确结果的方法。

布斯法的运算法则描述如下：

假定被乘数 X 和乘数 Y 是用补码表示的纯小数，分别为：

$$[X]_{补} = X_0. X_{-1} X_{-2} \cdots X_{-(n-1)}$$

$$[Y]_{补} = Y_0. Y_{-1} Y_{-2} \cdots Y_{-(n-1)}$$

其中 X_0 和 Y_0 是它们的符号位，则布斯法补码一位乘法的算法公式为：

$$[X \cdot Y]_{补} = [X]_{补} \left[\begin{array}{l} (Y_{-1} - Y_0) 2^0 + (Y_{-2} - Y_{-1}) 2^{-1} + (Y_{-3} - Y_{-2}) 2^{-2} + \\ \cdots + (Y_{-(n-1)} - Y_{-(n-2)}) 2^{-(n-2)} + (0 - Y_{-(n-1)}) 2^{-(n-1)} \end{array} \right]$$

$$(3.9)$$

在这里只给出结论不做推导。由式（3.9）可以看出，两补码之积可用多项积之和来实现，而每一项中包含用补码表示的乘数相邻两位之差，即需要求出 $Y_{i-1} - Y_i$ 的值。同时，在最后一项中需要附加一个 0。这种补码一位乘法方法中，被乘数和乘数连同它们的符号位一并参加运算。

由此，可以总结出比较法补码乘法的规则：

在作补码一位乘法时，在乘数的最末位后面再加一位附加位 y_n。开始时，$y_n = 0$，第一步运算是根据 $y_{n-1} y_n$ 这两位的值判断后决定，然后再根据 $y_{n-2} y_{n-1}$ 这两位的值判断第二步该作什么运算，再根据 $y_{n-3}y_{n-2}$ 这两位的值判断第三步该作什么运算，如此等等。因为每进行一步，乘数都要右移一位，$y_{n-2}y_{n-1}$ 就移到 $y_{n-1}y_n$ 位置上。作第三步时，原来的 $y_{n-3}y_{n-2}$ 移到了 $y_{n-2}y_{n-1}$ 位置上。所以每次只要判断 $y_{n-1}y_n$ 这两位的值就行。判断规则如表 3.2 所示。

表 3.2　乘法的相邻两位的操作规律

Y_i	Y_{i+1}	操作
0	0	原部分积右移一位
0	1	原部分积加 $X_补$ 后再右移一位
1	0	原部分积加 $[-X_补]$ 后再右移一位
1	1	原部分积右移一位

【例 3.21】已知 $x = -0.1101$，$y = +0.1011$，利用布斯补码一位乘法计算 $z = x \cdot y$

解：$[x]_补 = 11.0011$，$[y]_补 = 0.1011$，$[-x]_补 = 00.1101$

乘积的数值部分是两数的绝对值相乘。开始时，部分积为全"0"。布斯法求解过程如下：

```
        部分积           乘数    判别位              说明
      0. 0 0 0 0 0    1 0 1 1 0            判别位为0, 加全0
    +  0. 0 0 0 0 0
    ─────────────────
      0. 0 0 0 0 0
      0. 0 0 0 0 0    0 1 0 1 1  0 ←丢掉   右移一位, 判别位为1
    +X 0. 1 1 0 1 0                         部分积加X
    ─────────────────
      0. 1 1 0 1 0
      0. 0 1 1 0 1    0 0 1 0 1  1 ←丢掉   部分积、乘数一起右移1位
    +X 0. 1 1 0 1 0                         判别位为1, 部分积加X
    ─────────────────
      1. 0 0 1 1 1
      0. 1 0 0 1 1    1 0 0 1 0  1 ←丢掉   部分积、乘数一起右移1位
    +  0. 0 0 0 0 0                         判别位为0, 加全0
    ─────────────────                      再右移1位
      0. 1 0 0 1 1
      0. 0 1 0 0 1    1 1 0 0 1  0 ←丢掉   判别位为1, 部分积加X
    +X 0. 1 1 0 1 0
    ─────────────────
      1. 0 0 0 1 1
      0. 1 0 0 0 1    1 1 1 0 0  1 ←丢掉   右移一位
    +  0. 0 0 0 0 0                         判别位为0, 全加0
    ─────────────────
      0. 1 0 0 0 1    1 1 1 0 0
      0. 0 1 0 0 0    1 1 1 1 0  0         最后一步部分积、乘数一起右移1位
       高位积           低位积
```

所以 $[x \cdot y]_补 = 11.01110001$，结果 $z = x \cdot y = -0.10001111$

3.6 带符号定点数的二进制除法运算

3.6.1 定点数除法运算

同乘法运算一样，除法运算也是计算机的基本运算之一，在计算机中实现的方法有多种。原码除法的实质是两个无符号数相除，结果的符号式两个数的符号位移或运算的结果。一般地，在进行定点数除法时只考虑被除数小于除数的情况，因为在这种情况选，商的小数点就在最左边 1 为有效数子的前面，操作规范，常用的除法有两种：恢复余数法和加减交替法（不恢复余数法）。

定点原码除法运算

（1）恢复余数法。

【例 3.22】已知 $x = = 0.1101$，$y = 0.0101$，求 $z = x \div y$

解：除法的人工计算过程如下：

$$
0.0101) \overline{\begin{array}{l} 0.1100 \\ \overline{0.1101} \\ 0.0101 \\ \overline{0.1000} \\ 0.0101 \\ \overline{0.0011} \\ 0.0000 \\ \overline{0.0011} \end{array}}
$$

所以 $x \div y = 0.1100$，商的余数为 0.0011×2^{-4}，商的符号位 0。

可以看出，手工算法的过程就是不断地比较除数 Y 和 $2R_i$（R_i 为上次的余数）的过程。

若 $2R_i > Y$，则够减，商 1；若 $2R_i < Y$，则不够减，商 0（在 $X < Y$ 的情况下，第一步是比较 $2X$ 与 Y）。

在计算机中，小数点是固定的，不能简单地采用手算的办法。为便于机器操作，除数 Y 固定不变，被除数和余数进行左移（相当于乘 2）。机器不会心算，必须先作减法，若余数为正，才知道够减；若余数为负，才知道不够减。不够减时必须恢复原来的余数，以便再继续往下运算，这种方法称为恢复余数法。

恢复余数法的运算规则：原码运算商的符号位单独处理，商的符号采用符号采用异或 $S_f = S_x \oplus S_y$；除法的判别位使用的是余数（R）的符号的正和负来判别；在运算时第一步必须做减法（$X \div Y$）开始；若余数（R）为负，商上"0"，恢复余数，$+[y]_{补}$，左移一位，做减法 $+[-y]_{补}$；若余数（R）为正，商上 "1"，左移一位做减法 $+[-y]_{补}$；结果商左移一位的个数，以除数的尾数相同。计算时，先将运算所需要的 $[x]_{原}$、$[y]_{补}$、$[-y]_{补}$ 求出来，以便运算。余数每次左移相当于乘以 2，在求得 n 位商后，相当于多乘了 $2n$，所以最后余数应乘以 2^{-n} 才是正确的值。

【例 3.23】已知 $x=0.1001$，$y=0.1011$，求 $x \div y$。

解：计算过程如下：

	$\overline{00.1101}$	$x<y$，商 0
	$\overline{00.1001}$	被除数左移一位，$2x>y$，商 1
00.1011）	$\leftarrow 01.0010$	减 y，即 $+[-y]_{补}$
	$+11.0101$	第一次余数 r_1
	$\overline{00.0111}$	r_1 左移一位，$2r_1>y$，商 1
	$\leftarrow 00.1110$	减 y
	$+11.0101$	第二次余数 r_2
	$\overline{00.0011}$	r_2 左移一位，$2r_2<y$，商 0
	00.0110	r_3 左移一位，$2r_3=4r_2>y$，商 1
	$\leftarrow 00.0110$	
	$+11.0101$	减 y
	$\overline{00.0001}$	第四次余数 r_4

由于计算过程的步数不固定，因此控制比较复杂。实际中常用不恢复余数法，又称加减交替法。其特点是运算过程中如出现不够减，则不必恢复余数，根据余数符号，可以继续往下运算，因此步数固定，控制简单。

（2）加减交替法。加减交替法是对恢复余数除法的一种修正。当运算过程中出现不够减的情况，不必恢复余数，而是根据余数的符号，继续往下运算求下一位商，但加上除数（$+Y$）的办法来取代（$-Y$）操作，其他操作依然不变。因此步数固定，控制简单。原理如下：

在用恢复余数法商至 i 位时，余数 R_i 为：

$$R_i = 2R_i + (-Y) \tag{3.10}$$

若 $R_i<0$，则商 0，同时恢复余数，即余数为 R_i+Y，然后再求下一步的数，即求

$$R_{i+1} = 2(R_i+Y) + (-Y) = 2R_i+Y \tag{3.11}$$

可见，当 $R_i<0$，商 0 时，R_{i+1} 可直接把 R_i 左移一位，再 $+Y$ 得出。而不必恢复余数。

具体过程如下：

①第一步用 $|X| - |Y|$ ，当余数为负时商上 0，表示无溢出，然后做 $2R + |Y|$ ；若余数为正则表示溢出，则停机。

②根据余数 R_i 符号来进行判断是否够减：R_i 为正，则上商 Q 为 1，再做 $2R - |Y|$ ；R_i 为负，上商 Q 为 0，再做 $2R + |Y|$ 。其中 $2R$ 表示左移 1 位。

③重复做 $n - 1$ 次，例如有效数值位 $n = 4$ 位，连同第一步需共做 5 次加减运算。

④若最后一步所得余数为负（即最后一次商上 0），而又要得到正确余数，则应纠正余数，增加一次 $+|Y|$ 但不移位的操作。

⑤最后应给商数和余数冠以正确符号。注意采用纠余后的余数符号应继续为负，而不是纠余后的符号。

3.7　带符号浮点数的二进制运算

定点数的表示数据范围太小，为此引入浮点数和相应的浮点算术运算。浮点数的表示形式（以 2 为底）：

$$N = \pm D \cdot 2^{\pm E}$$

式中，D 为浮点数的尾数，尾数一般为绝对值小于 1 的规格化二进制小数，用原码或补码形式表示；E 为浮点数的阶码，一般是用移码或补码表示的整数。

浮点运算的规则可以归结为定点运算规则，需要增加一个阶码的定点运算及运算结果的规格化操作。一台计算机究竟采用浮点运算还是定点运算，是由具体使用对象对计算机的实际要求决定的。微机、某些专用机及某些小型机往往采用定点运算，其浮点运算可通过软件或增加扩展硬件来实现。通用型计算机采用浮点运算或同时采用定点、浮点两种运算，由使用者自由选择。为了使表示浮点数具有唯一性，使每一级计算的尾数能获得最大的有效数字，以及程序处理的方便性，往往把浮点数表示为规格化的浮点数，并采用规格化浮点数的运算。

3.7.1　浮点数的加减运算

设两个浮点数 X 和 Y 分别为：

$$X = S_x \cdot 2^{Ex}$$
$$Y = S_y \cdot 2^{Ey}$$

其中，Ex，Ey 分别是 X 和 Y 的阶码，Sx 和 Sy 是 X 和 Y 的尾数。假定它们都

是规则化的数，即其尾数绝对值总小于 1（用补码表示，允许为 1），浮点加减运算的运算步骤如下：

3.7.1.1 对阶：小阶向大阶看齐

一般情况下，两个浮点数的解码不会相同，也就是说两个数的小数点没有对齐。同我们熟悉的十进制小数加减运算一样，在进行加减运算前需要将小数点对齐。这就是对阶。只有当 $\triangle E = 0$ 时才能进行加减运算。

对阶的原则是采用"小阶向大阶看齐"的方法，即小阶的尾数右移 $\triangle E$ 位，小阶的阶码增加 $\triangle E$ 与大阶相等。尾数右移时，对原码表示的尾数，符号位不参加移位，尾数数值部分的高位补 0；对于用补码表示的尾数，符号位参加右移，并保持原符号位不变。

3.7.1.2 尾数的加减运算

对阶完成后，就按定点加减运算求两数的尾数之和或差。

3.7.1.3 规格化

进行加减运算后，其结果可能是一个非规格化的数据，这时进行规格化操作。规格化操作的目的是使尾数部分的绝对值尽可能以最大值的形式出现。

（1）对于定点小数，其规格化数为：

$00.1xx\cdots x$

$11.0xx\cdots x$ （原码表示法）

（2）对于负数的补码表示法，规格化定义有所不同：

根据规格化浮点数的定义可知，规格化的尾数应满足：

$S > 0$ 时　　$1/2 \leqslant S < 1$

$S > 0$，用补码表示时　　$-1/2 > S \geqslant -1$

理论上，S 可等于 $-1/2$，但 $[-1/2]_{补} = 11.100\cdots 0$，为了便于判别是不是规格化数，不把 $-1/2$ 列为规格化数，而把 -1 列入规格化数。

由此可知补码规格化的规则是：

①若和或差的尾数两符号位不等，即 $01.xx\cdots x$ 或 $10.xx\cdots x$ 形式，表示尾数求和（差）结果绝对值大于 1，向左破坏了规格化。此时应该将和（差）的尾数右移 1 位，阶码加 1，即进行向右规格化。

②若和或差的尾数两符号位相等且与尾数第一位相等，则需向左规格化。即将和或差的尾数左移，每移一位，和或差的阶码减一，直至尾数第一位与尾符不等时为止。

3.7.1.4 舍入

在对阶及规格化时，需要将尾数右移，右移将丢掉尾数的最低位，这就出现舍入的问题。在进行舍入时，通常可以采用下面的问题：

（1）"0 舍 1 入"法，即右移时丢掉的最高位为 0，则舍去；是 1，则将尾数的末位加 1（相当于进入）。

（2）"恒置 1"法，即不管移掉的是 0 还是 1，都把尾数的末位置 1。

（3）截（尾）断法，这种方法最简单，就是将需丢弃的尾数低位丢弃。

3.7.1.5　判断阶码是否溢出

阶码溢出表示浮点数溢出。在规格化和舍入时都可能发生溢出，若阶码不溢出，则加减运算正常结束。若阶码下溢，则置运算结果置为机器零（阶码和尾数全部置"0"）；若上溢则置溢出标志。

【例 3.24】已知 $X = 2^{010} \cdot 0.110011$，$Y = 2^{100} \cdot (-0.101100)$，求 $X + Y$

解：X 和 Y 在机器中的浮点表示形式为（均采用双符号位）

	阶符	阶码	数符	尾数
X：	00	010	00	110011
Y：	00	100	11	010100

计算过程：

（1）对阶：$\triangle E = Ex - Ey = 00010 + 11100 = 11110$，即 $\triangle E < 0$，表示 X 的阶码 Ex 小于 Y 的阶码 Ey，阶差为 -2，所以应使 X 的尾数右移 2 位，阶码加 2，则 $[x]_补 = 0000110011$，保留阶码 $E = 00100$ 这时 $\triangle E = 0$，对阶完毕。

（2）尾数求和。X 和 Y 对阶后的尾数分别为：$[Sx]_补 = 00.00110011$，$[Sy]_补 = 11.010100$

$[S_x]_补 = 00.001100$，$[S_Y]_补 = 11.010100$

则 $[Sx]_补 + [Sy]_补 = 00.00110\underline{011} + 11.010100 = 11.10000\underline{011}$

所以 $[X+Y]_补 = 11.100000$

（3）规格化。和的尾数的两符号位相等，但小数点后的第一位也与符号位相等，不是规格化数，需要进行左规，即向左规格化：尾数左移一位，阶码减 1，就可得到规格化的浮点数结果。

结果 $= 11.00000110$；阶码 -1，$E = 00011$

（4）舍入。附加位最高位为 1，在所得结果的最低位 $+1$，的新结果：$[X + Y]_补 = 11.000010$，$X + Y = -0.111110$

（5）是否溢出。阶码符号位为 00，故不溢出，最终结果为：$X + Y = 2^{011} \cdot (-0.111110)$。

3.7.2　浮点数的乘除运算

两浮点数相乘，其乘积的阶码为相乘两数阶码相加求得，乘积的尾数等于相乘两数的尾数之积。两个浮点数相除，商的阶码为被除数的阶码减去除数的阶码得到的差，尾数为被除数的尾数除以除数的尾数所得的商。参加运算的两个数都为规格化浮点数，乘除运算都可能出现结果不满足规格化要求的问题，因此也必须进行规格化、舍入和判断溢出等操作。在规格化时要进行修改阶码的操作。

浮点数的乘法运算如下。

设有两个浮点数 X 和 Y：

$$X = S_x \cdot 2^{Ex}$$
$$Y = S_y \cdot 2^{Ey}$$

则这两个浮点数的乘积 $Z = (S_x \cdot S_y) \cdot 2^{(Ex+Ey)}$。在具体实现中，两数阶码的求和运算可在阶码加法器中进行，两个尾数的乘法运算，就是定点数的乘法运算。

浮点乘法运算过程如下：

（1）参见乘法运算的两个浮点数一定是规格化数，即 Ex，Ey 分别是 X 和 Y 的阶码，Sx 和 Sy 是 X 和 Y 的尾数，尾数绝对值总小于 1（用补码表示，允许为 1），且不为 0。只要有一个乘数为 0，则乘积必为 0。

（2）求乘积的阶码，即 $E_z = E_x + E_y$。同时要判断阶码是否溢出。

当乘积的阶码小于所定义的浮点数最小阶码时，则出现下溢出。当乘积的阶码大于所定义的浮点数最大阶码时，则出现上溢出。一旦发生上溢出，则乘积将无法表示；发生下溢出时，乘积可以用 0 表示。当发生溢出时，尤其是上溢出时，应当重新定义浮点数或对两乘数做出限定。

（3）两乘数的尾数相乘，两尾数相乘可参照定点数的乘法运算规则。

（4）乘积尾数的规格化，假定尾数为 n 位补码（其中包含 1 为符号），其规格化正数范围为 $+1/2$ 至 $+(1-2^{-(n-1)})$ 之间；而规格化负数的范围为 $-(1/2+2^-(n-1))$ 至 -1 之间。

两乘数的尾数均为规格化数，根据规格化数的范围，两者之间积的绝对值一般大于等于 1/4，，因此乘积尾数如需左归，只需左移 1 次。同样，乘积可能为 +1，即两个 -1 相乘。因为 +1 不是规格化数，因此，乘积的位数需要右归，也只需右移 1 次，便可使尾数变为规格化数。

（5）舍入：浮点数的运算结果常常超出给定的位数，因此需要进行舍入处理。处理的原则是尽量减小本次运算所产生的误差，以及按此原则所产生的累计误差。

第一种办法及无条件的丢掉正常尾数最低位后的全部数值。这种方法也就是前面提到的截断法。

第二种常用舍入处理是 0 舍 1 入法（相当于十进制中的四舍五入）。具体指当丢掉的最高位为 0 时，舍掉丢弃的各位的值；当丢掉的最高位为 1 时，把这个 1 加到最低位数值位上进行修正。若采用双倍字长乘积时，没有舍入问题。

【例 3.25】已知 $X = 2^{-5} \cdot 0.1110011$，$Y = 2^3 \cdot (-0.1110010)$，求 $X \cdot Y$。阶码 4 位（移码），尾数 8 位（补码，含一符号位），阶码以 2 为底。运算结果取 8 位尾数，运算过程中阶码取双符号位。

解：（1）求乘积的阶码（为两阶码之和）。

$[E_x + E_y]_移 = [E_x]_移 + [E_y]_移 = 00011 + 00011 = 00110$

（2）两位数相乘（运算过程略）。

$[X \cdot Y]_补 = 1.0011001 \qquad 1001010$（尾数部分）
$\qquad\qquad$ 高位部分 $\qquad$ 低位部分

（3）规格化处理。尾数已经是规格化数，不需再处理。

（4）舍入。根据 0 舍 1 法，尾数乘积低位部分的最高位为 1，需 1 入，在乘积高位部分的最低位加 1，因此：$[X \cdot Y]_补 = 1.0011010 \qquad$（尾数部分）

（5）判溢出   阶码未溢出，故结果为正确。

$X \cdot Y$：$\qquad$ 0110 $\qquad\qquad$ 1.0011010
$\qquad\qquad$ 阶码（移码）$\qquad$ 尾数（补码）

所以 $X \cdot Y = 2^{-2} \cdot (-0.1100110)$

本章小结

计算机中的数据分为数值型数据和非数值数据，数值包括十进制、二进制、八进制、十六进制等，非数值数据主要包括 ASCII 码，汉字的编码。在数值数据中各进制数据之间比较大小关系可以通过转换成同一进制进行比较。

数的真值变成机器码时有四种表示方法：原码表示法、反码表示法、补码表示法和移码表示法。其中移码表示法主要用在表示浮点数的阶码 E，以利于比较两个指数的大小和对阶操作。

实数有整数部分也有小数部分，有定点表示法和浮点表示法两种。实数机器数的小数点的位置是隐含规定的。若约定小数点的位置是固定的，这就是定点表示法；若给定小数点的位置是可以变动的，则成为浮点表示法。

在运算方法中带符号数的二进制定点，浮点算术运算通常采用补码加、减法，原码乘除或补码乘除法。为提高运算速度采用阵列乘法的技术。

计算机系统中，数据在读写、存取和传送的过程中可能会产生错误。为减少和避免错误可采用一定的编码方式加以纠错。较为常用的数据校验码有奇偶校验码、海明码和循环冗余校验码。

习 题

一、填空题

1. 补码加减法中，符号位作为数的一部分参加运算，_____要丢掉。

2. 用 ASCII 码表示一个字符通常需要_____位二进制数码。

3. 为判断溢出采用双符号位补码，此时正数的符号用_____表示，负数的符号用_____表示。

4. 采用单符号位进行溢出检测时，若加数与被加数符号相同，而运算结果的符号与操作数的符号_____，则表示溢出；当加数与被加数符号不同时，相加运算的结果_____。

5. 在减法运算中，正数减负数可能产生溢出，此时的溢出为_____溢出；负数减_____可能产生溢出，此时的溢出为_____溢出。

6. 原码一位乘法中，符号位与数值位_____，运算结果的符号位等于_____。

7. 一个浮点数，当其补码尾数右移一位时，为使其值不变，阶码应该_____。

8. 左规的规则为：尾数_____，阶码_____；右规的规则是：尾数_____，阶码_____。

9. 影响进位加法器速度的关键因素是_____。

10. 有二进制数 $D_4D_3D_2D_1$，奇偶校验值用 p 表示，则奇校验为_____，偶校验为_____，奇偶校验只能检测_____，无法检测_____。

二、选择题

1. 下列数中最小的数是 （ ）

    A. $(1010010)_2$ B. $(00101000)_B$ C. $(512)_8$ D. $(235)_{16}$

2. 某机字长 16 位，采用定点整数表示，符号位为 1 位，尾数为 15 位，则可表示的最小负整数为 （ ）

    A. $+(2^{15}-1)$，$-(2^{15}-1)$ B. $+(2^{15}-1)$，$-(2^{16}-1)$

    C. $+(2^{14}-1)$，$-(2^{15}-1)$ D. $+(2^{15}-1)$，$-(1-2^{15})$

3. 若 $[x]_{反}=1.1011$，则 $x=$ （ ）

    A. -0.0101 B. -0.0100 C. 0.1011 D. -0.1011

4. 两个补码数相加，采用 1 位符号位，当（ ）时表示结果溢出。

A. 符号位有进位

B. 符号位进位和最高数位进位异或结果为 0

C. 符号位为 1

D. 符号位进位和最高数位进位异或结果为 1

5. 运算器的主要功能时进行 （　　）

    A. 逻辑运算　　　　　　　　　　　　B. 算术运算

    C. 逻辑运算和算术运算　　　　　　　D. 只作加法

6. 运算器虽有许多部件组成，但核心部件是 （　　）

    A. 数据总线　　　　　　　　　　　　B. 算术逻辑运算单元

    C. 多路开关　　　　　　　　　　　　D. 累加寄存器

7. 在定点二进制运算中，减法运算一般通过 （　　） 来实现。

    A. 原码运算的二进制减法器　　　　　B. 补码运算的二进制减法器

    C. 补码运算的十进制加法器　　　　　D. 补码运算的二进制加法器

8. 下面浮点数运算器的描述中正确的是 （　　）

    A. 浮点运算器可用阶码部件和尾数部件实现

    B. 阶码部件可实现加减乘除四种运算

    C. 阶码部件只进行阶码加减和比较操作

    D. 尾数部件只进行乘法和减法运算

三、计算题

1. 两浮点数相加，$X = 2^{010} * 0.11011011$，$Y = 2^{100} * (-0.10101100)$，求 $X + Y$。

2. 设阶码取 3 位，尾数取 6 位 （均不包括符号位），按浮点补码运算规则计算 $\left[2^5 \times \dfrac{9}{16} \right] + \left[2^4 \times \left(-\dfrac{11}{16} \right) \right]$。

3. 将十进制数 +107/128 化成二进制数、八进制数和十六进制数。

4. 已知 $X = -0.01111$，$Y = +0.11001$，求 $[X]_{补}$，$[-X]_{补}$，$[Y]_{补}$，$[-Y]_{补}$，$X + Y = ?$ $X - Y = ?$

5. 有两个浮点数 $x = 2_2^{(+01)}(-0.111)_2$　$Y = 2_2^{(+01)}(+0.101)_2$，设阶码 2 位，阶符 1 位，数符 1 位，尾数 3 位，用补码运算规则计算 $x - y$ 的值。

四、简答题

1. 试比较定点带符号数在计算机内的四种表示方法。

2. 试述浮点数规格化的目的和方法。

第4章 主存储器

学习目标

了解：存储器的发展历史、存储器的应用领域。

存储器的发展趋势和理论知识。

掌握：掌握存储器的定义、分类和功能。

半导体存储系统的组成。

理解：半导体存储系统的各级结构。

知识结构

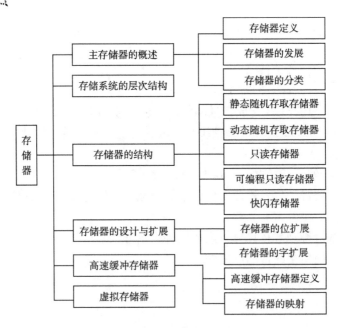

图4.1 计算机知识概述结构

引入案例

手机存储器及未来发展趋势

随着彩色手机、照相手机的普及，手机上所附加的多媒体应用越来越多。在多媒体部分，一开始为彩色图像桌面、和弦铃声到相机拍照后的照片；在动态影音部分有 JAVA 游戏、影音短片（Video Clips）、影音串流（Video Streaming）等，手机上的多媒体应用越来越多，使得储存这些影音档案的存储器需求也就越来越大。以存储器在手机用半导体产值比重来看，在 2005 年，存储器约占整体手机晶片产值的 18.3%，到了 2008 年，存储器占整体手机晶片产值增长至 21.6%，为手机用半导体增长比例最高者。而目前手机上的存储器正向着大容量、高速度、低耗能、低成本、小体积五大方向发展。

1. 各类型存储器容量的推估

手机存储器容量的大小，与手机所提供的多媒体应用息息相关，若手机仅提供语音功能，存储器仅需搭配 1~2MB Low Power SRAM+8MB NOR Flash。随着 SMS、MMS 资料的增加，在 Low Power SRAM 及 NOR Flash 的容量上也逐渐扩大；彩色手机、照相手机，必须提供多媒体的储存，存储器的搭配则需要达到 16~32MB Low Power SRAM+64~128MB NOR Flash；而音乐手机、电视手机其存储器需求更高，除了在 32~64MB Low Power SRAM 及 128M~256MB NOR Flash 之外，还会再加入 Pseudo SRAM 及 NAND Flash。

2. 低成本的技术

在挥发性存储器上，Low Power SRAM 为 6 个电晶体结构，体积大、成本高，尤其高容量产品的单价过高；而非挥发性存储器则可通过编程改进、降低存储器的成本。因此，在相同硅制工程技术下，生产相同容量的存储器，用 MLC 技术所生产的产品单价会比用 SLC 技术所生产的产品单价要低。

3. 小体积的技术：多晶片封装（Multi-Chip Packaging；MCP）

随着手机多媒体的应用使得手机上存储器的需求逐渐扩大，但手机本身的设计趋向于轻薄短小，多晶片封装可以缩小手机上存储器的体积，达到节省空间的效果。存储器多晶片封装，主要是节省存储器的大小，对于成本的影响不大。过去手机存储器必须储存手机开机时的程序及暂存资料，存储器需求为 NOR Flash 及 Low Power RAM，但随着彩色手机、照相手机的普及，手机多媒体应用的增加，使手机开机时必须更快地读取更多东西，储存更多的影音档案，需要更大的暂存空间，因此 NOR Flash 的容量不断地增大、NAND Flash 也开始以内建或外插卡的方式加入手机中、缓冲体容量增大，使 Pseudo SRAM 的需求逐渐进入 Low Power SRAM 的市场。

而手机用存储器的发展趋势最重要的莫过于多晶片封装，多晶片封装符合手机轻薄短小的发展，但多晶片封装必须有稳定的存储器特性，对存储器品质要求也较高。

4.1　主存储器的概述

存储器（Memory）是计算机系统中用来存放程序和数据的记忆部件。主存储器（Mainmemory）简称主存。是计算机硬件系统中的一个重要部件，其作用是用于存放指令和数据，并由中央处理器（CPU）直接进行存取。

在当代计算机系统中，存储器处于中心地位，其根本原因是：

（1）由于计算机正在执行的程序和数据均由存储器存放，CPU 直接从存储器取指令或取操作数。

（2）随着计算机系统设备数量的增多，为了加快数据的传送速度，采用直接存取存储器（DMA）技术和输入输出通道（IOP）技术，在内存与输入输出（I/O）系统之间实现直接、快速、大容量的传送数据。

（3）通过共享存储器处理机操作，可以实现存储器存放程序和数据，并在处理机之间实现通信，从而加强存储器作为全机中心的作用。

由于中央处理器（CPU）都是由高速器件组成，不少指令的执行速度基本上是由主存储器的速度决定。因此，提高计算机执行能力、丰富系统软件的应用范围，都与主存储器的技术发展密切相关。CPU 通过使用 AR（地址寄存器）、DR（数据寄存器）和总线与主存进行数据传送。为了从存储器中取一个信息字，CPU 必须指定存储器字地址并进行"读'操作。CPU 需要把信息字的地址送到 AR，经地址总线送往主存储器，同时，CPU 应用控制线（read）发一个"读"请求，此后，CPU 等待从主存储器发来的回答信号通知 CPU"读"操作完成、主存储器通过 ready 线做出回答，若 ready 信号为"1"，说明存储器的内容已经读出，并放在数据总线上，送入 DR，这时"取"数操作完成。

为了"存"一个字到主存，CPU 先将信息在主存中的地址经 AR 送地址总线，并将信息字送 DR，同时发出"写"命令，CPU 等待写操作完成信号；主存储器从数据总线接收到信息字并按地址总线指定的地址存储，然后经 ready 控制线发回存储器操作完成信号，这时"存"数操作完成。主存储器的原理结构见图4.2。

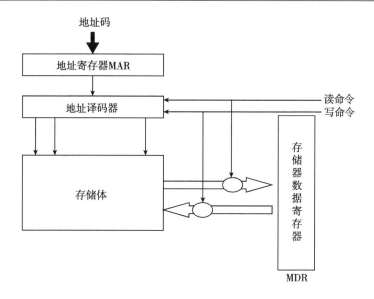

图 4.2　主存储器原理结构

4.2　主存储器分类与层次结构

随着计算机的发展，存储器在系统中的地位越来越重要。由于超大规模集成电路的制作技术，使 CPU 的速率变得惊人，而存储器的存数和取数的速度与它很难适配，这使计算机系统的运行速度在很大程度上受到存储器速度的制约。存储器是信息存放的载体，是计算机系统的重要组成部分。只有通过存储器，才能把计算机要进行处理和计算的数据以及程序存入计算机，使计算机能脱离人的直接干预，自动地工作。

4.2.1　存储器的分类

存储器一般分为内存和外存。内存的种类是非常多的，如从能否写入的角度来看，就可以分为随机存取存储器（Random Access Memory，RAM）和只读存储器（Read Only Memory，ROM）这两大类。其中 RAM 的特点是电脑开机时，操作系统和应用程序的所有正在运行的数据和程序都会放置其中，并且随时可以对存放在里面的数据进行修改和存取。它的工作需要有持续的电力提供，一旦系统断电，存放在里面的所有数据和程序都会自动清空掉，并且再也无法恢复。

4.2.1.1　根据组成元件的不同，RAM 内存又分为

随机读写存储器（RAM）：既能读出又能写入的半导体存储器。随机存储器（又称读写存储器）指通过指令可以随机地、个别地对各个存储单元进行访问，访问所需时间一般基本固定，与存储单元地址无关。在计算机系统中，不论是大、中、小型及微型计算机的主存储器主要都采用随机存储器。

（1）DRAM（Dynamic RAM 动态随机存取存储器）：这是最普通的 RAM，一个电子管与一个电容器组成一个位存储单元，DRAM 将每个内存位作为一个电荷保存在位存储单元中，用电容的充放电来做储存动作，但因电容本身有漏电问题，因此必须每几微秒就要刷新一次，否则数据会丢失。存取时间和放电时间一致，约为 2~4ms。因为成本比较便宜，通常都用作计算机内的主存储器。

（2）SRAM（Static RAM 静态随机存取存储器）：指的是内存里面的数据可以长驻其中而不需要随时进行存取。每 6 个电子管组成一个位存储单元，因为没有电容器，因此无须不断充电即可正常运作，它可以比一般的动态随机处理内存处理速度更快更稳定，往往用来做高速缓存。

4.2.1.2　ROM（READ Only Memory，只读存储器）

只读存储器（ROM）所存储的内容是固定不变的，只能读出而不能写入的半导体存储器。它通常用于存放固定不变的程序、字符、汉字字形库及图形符号等。由于它和读写存储器共享主存储器的相同地址空间，因此仍属于主存储器的一部分。ROM 是线路最简单半导体电路，通过掩模工艺，一次性制造，在元件正常工作的情况下，其中的代码与数据将永久保存，并且不能够进行修改。一般应用于 PC 系统的程序码、主机板上的 BIOS（基本输入/输出系统 Basic Input/Output System）等。它的读取速度比 RAM 慢很多。根据组成元件的不同，ROM 内存又分为以下五种：

（1）MASK ROM（掩模型只读存储器）：制造商为了大量生产 ROM 内存，需要先将有原始数据的 ROM 或 EPROM 作为样本，然后再大量复制，这一样本就是 MASK ROM，而烧录在 MASK ROM 中的资料永远无法做修改。它的成本比较低。

（2）PROM（Programmable ROM，可编程只读存储器）：这是一种可以用刻录机将资料写入的 ROM 内存，但只能写入一次，所以也被称为"一次可编程只读存储器"（One Time Progarmming ROM，OTP-ROM）。PROM 在出厂时，存储的内容全为 1，用户可以根据需要将其中的某些单元写入数据 0（部分的 PROM 在出厂时的数据全为 0，则用户可以将其中的部分单元写入 1），以实现对其"编程"的目的。

（3）EPROM（Erasable Programmable，可擦可编程只读存储器）：这是一种

具有可擦除功能，擦除后即可进行再编程的 ROM 内存，写入前必须先把里面的内容用紫外线照射它的 IC 卡上的透明视窗的方式来清除掉。这一类芯片比较容易识别，其封装中包含有"石英玻璃窗"，一个编程后的 EPROM 芯片的"石英玻璃窗"一般使用黑色不干胶纸盖住，以防止遭到阳光直射。

（4）EEPROM（Electrically Erasable Programmable，电可擦除可编程只读存储器）：功能与使用方式与 EPROM 一样，不同之处是清除数据的方式，它是以约 20V 的电压来进行清除的。另外它还可以用电信号进行数据写入。这类 ROM 内存多应用于即插即用接口中。

（5）Flash Memory（快闪存储器）：这是一种可以直接在主机板上修改内容而不需要将 IC 拔下的内存，当电源关掉后储存在里面的资料并不会流失掉，在写入资料时必须先将原本的资料清除掉，然后才能再写入新的资料，缺点为写入资料的速度太慢。

4.2.1.3　存储器的功能

（1）存取方式：随机存储器与存取时间和存储单元的物理位置无关。对信息的存取包括两个逻辑操作，直接指向整个存储器的一个区域（磁道或磁头），接着对这一小部分区域顺序存取，如磁表面存储器的磁盘存储器。如果只能按某种顺序来存取，与存取时间和存储单元的物理位置有关，这种存储器成为顺序存储器。顺序存取存储器是完全的串行访问存储器，信息以顺序存取的方式从存储器的起始端开始写入（或读出），如磁带。

（2）存储介质：目前主要采用半导体器件和磁性材料。半导体存储器：用半导体器件组成的存储器；磁表面存储器：用磁性材料做成的存储器。

（3）系统中的作用——可分为外部存储器、内部存储器；又可分为主存储器、高速缓冲存储器、控制存储器、辅助存储器。主存储器速度高、容量小、价格高。副主存储器速度慢、容量大、价格低。缓冲存储器则处于两个工作速度不同的部件之间，在交换信息的过程中起到缓冲作用。

（4）信息易失性——断电后信息消失的存储器，称为易失性存储器。断电之后仍保存信息的，成为非易失性存储器。

4.2.2　存储器分级

4.2.2.1　存储器的体系组成

计算机对存储器的基本要求是容量大、速度快、成本低，出错少，平均无故障间隔时间要长。但是要想实现在一个存储器中同时兼顾这些指标是很困难的。为了解决存储器的容量、速度和价格之间的矛盾，人们除了不断研制新的存储器件和改进存储性能外，还从存储系统体系上研究合理的结构模式。如图 4.2 所

计算机组成原理及应用

示。如果把多种类型的存储器有机地组成存储体系，就能很好地解决以上问题。存储体的分级结构见图4.3。

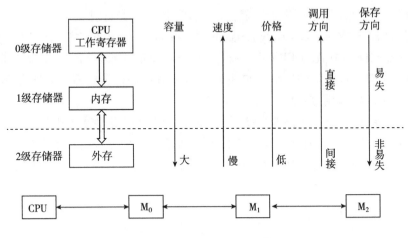

图4.3 存储体的分级结构

4.2.2.2 存储系统的多级层次结构

目前在计算机系统中，通常采用多级存储器。目前，在计算机系统中通常采用三级层次结构来构成存储系统，主要由主存储器、高速缓冲存储器Cache和辅助存储器组成。存储系统的多级层次结构如图4.4所示。

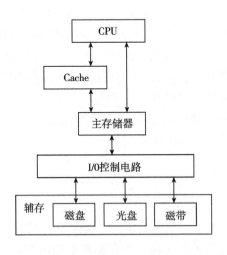

图4.4 存储系统的多级层次结构

主存——辅存的层次结构解决了存储器的容量要求和成本之间的矛盾。在速度方面，由于计算机的主存和 CPU 始终保持大约一个数量级的差距。为了缩短差距，仅采用一种单一工艺制造的存储器是远远不够的，必须从计算机系统组织和结构方面进行研究。高速缓冲存储器（Cache）是解决存取速度的关键技术。在 CPU 和主存之间设置高速缓冲存储器，实现主存——高速缓存（Cache）层次，要求解决 CPU 与 Cache 之间速度的匹配问题。

CPU 可以直接访问内存储器，包括高速缓冲存储器（Cache）和主存储器。CPU 不能直接访问外存储器，外存储器的信息必须通过内存储器才能被 CPU 接收并处理。

Cache 称为高速缓冲存储器，是半导体小容量的存储器。在计算机系统中，为了提高计算机的处理速度，利用 Cache 高速存取指令和数据。和主存储器相比，它具有存取速度快，容量接近于主存的优点。

主存储器简称主存，用来存放计算机运行期间的大量数据和程序。它和 Cache 交换数据和指令。主存储器由 MOS 半导体存储器组成。

外存储器简称外存或辅助存储器。目前的外存主要是磁盘存储器、磁带存储器和光盘存储器。外存储器的特点是容量大、成本低，常用来存放系统程序和大型数据文件及数据库。

以上是存储器形成的多级管理结构。其中高速缓冲存储器的功能强调快速存取，以便达到存取速度和 CPU 的运算速度相匹配；辅助存储器的功能强调大容量的存储，用来满足计算机的存储容量要求；主存储器介于 Cache 与辅助存储器之间，要求选取适当的存储容量和存取周期，使它能处理系统的核心软件和较多的用户应用程序。

4.2.3　主存储器的主要技术指标

4.2.3.1　存储容量

存储容量：是指一个功能完备的存储器所能容纳的二进制位信息的总容量，即可存储多少位二进制信息代码。

存储容量 = 存储字数 × 字长数

存储字节数的计算：若主存按字节编址，即每个存储单元有 8 位，则相应地用字节数表示存储容量的大小。$1KB = 1024B$，$1MB = 1K \times 1KB = 1024 \times 1024B$，$1GB = 1KMB = 1024 \times 1024 \times 1024B$。

字长数：若主存按字编址，即每个存储单元存放一个字，字长超过 8 位，则存储容量用单元数 × 位数来计算。例如，机器字长 16 位，其存储容量为 2MB，若按字编址，那么它的存储容量可表示成 1MW。

4.2.3.2　存储器速度

（1）存储器取数时间（Memory Access Time）：从存储器写出/读入一个存储单元信息或从存储器写出/读入一次信息（信息可能是一个字节或一个字）所需要的平均时间，称为存储器的存数时间/取数时间，记为 T_A，也称为取数时间，T_A 对随机存储器一般是指：从 CPU 的地址寄存器输出端开始发出读数命令，到读出信息出现在存储器输出端为止，这期间所需要花费的时间值。

（2）存储器存取周期（Memory Cycle Time）：存储器启动一次完整的读写操作所需要的全部时间，称为存取周期。存取周期又称读写周期或访问周期。它是指存储器进行一次读写操作所需的全部时间，即连续两次访问存储器操作之间所需要的最短时间。用 T_M 表示。

$T_M = T_A + $ 复原时间：

破坏性读出方式：$T_M = 2T_A$

非破坏性读出：$T_M = T_A + $ 稳定时间

4.2.3.3　数据传输率

单位时间可写入存储器或从存储器取出的信息的最大数量，称为数据传输率或称为存储器传输带宽 BM。$BM = W/TM$。

其中，存储周期的倒数 $1/TM$ 是单位时间（每秒）内能读写存储器的最大次数。W 表示存储器一次读取数据的宽度，即位数，也就是存储器传送数据的宽度。

4.2.3.4　可靠性

存储器的可靠性是指规定时间内存储器并无故障发生的情况，一般用平均无故障时间 MTBF 来衡量。为了提高存储器的可靠性，必须对存储器中存在的特殊问题，采取合适的处理方法。

（1）断电后信息会丢失：采用中断技术或备用电源进行转存。

（2）对于破坏性读出的存储器：设置缓冲寄存器进行存储。

（3）动态存储：定期不断地充电进行刷新。

4.2.3.5　价格

又称成本，它是衡量存储器经济性能的重要指标。设 M 是存储容量为 S 位的整个存储器以元计算的价格，可定义存储器成本 M 为：$M = （M/S）$ 元/位。

衡量存储器性能还有一些其他性能指标，如功耗、重量、体积和使用环境等。

4.4 SRAM 及 DRAM 存储器的工作原理

内存又称主存储器，通常由半导体存储器构成。通用微型计算机的主存包含只读存储器 ROM 和随机存取存储器 RAM。其中 ROM 支持基本的监控和输入输出管理，RAM 则面向用户。现在的 RAM 多为 MOS 型半导体电路，它分为静态（SRAM）和动态（DRAM）两种。静态 RAM 是靠双稳态触发器来记忆信息的；动态 RAM 是靠 MOS 电路中的栅极电容来记忆信息的。由于电容上的电荷会泄漏，需要定时给予补充，所以动态 RAM 需要设置刷新电路。但动态 DRAM 比静态 SRAM 集成度高、功耗低，从而成本也低，适于作大容量存储器。所以主内存通常采用动态 RAM，而高速缓冲存储器（Cache）则使用静态 RAM。另外，内存还应用于显卡，声卡及 CMOS 等设备中，用于充当设备缓存或保存固定的程序及数据。

4.4.1 SRAM 存储器

SRAM 存储器的基本结构。图 4.5（a）示出了六管 SRAM 存储元的电路图，它是由两个 MOS 反相器交叉耦合而成的双稳态触发器。一个存储单元存储一位二进制代码，如果一个存储单元为 8 位（一个字节），则需由 8 个存储元共同构成一个存储单元。

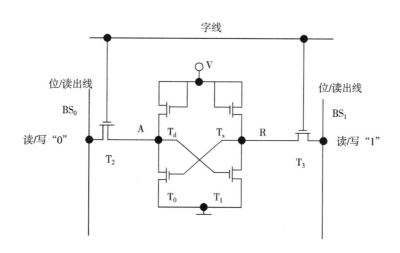

图 4.5（a） 六管 SRAM 存储电路

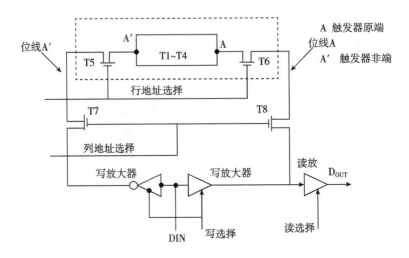

图 4.5（b）　七管 SRAM 存储元的电路

图 4.5（b）中，图中 $T_1 \sim T_4$ 是一个由 MOS 管组成的触发器基本电路，T_5，T_6 如同一个开关，受到行地址选择信号控制。由 $T_1 \sim T_6$ 共同构成一个六管 MOS 基本单元电路。T_7，T_8 受到列地址选择控制，分别与位线 A 和 A′相连，它们并不包含在基本单元电，而是由芯片内同一列的各个基本单元电路所共有的。

假设触发器一端已经存有"1"信号，即 A 点为高电平。当进行读出时，令行地址和列地址选择信号均有效，则使 T_5，T_6，T_7，T_8 均导通，A 点高电平通过 T_6 后，再由位线 A 通过 T_8 作为读出放大器的输入信号，在读选择有效时，将"1"信号读出。由于静态 RAM 是触发器存储信息，因此即使信息读出后，它仍保持其原状态，不需要再生。但电源掉电时，原存信息丢失，因此属于易失性半导体存储器。

写入时可以不管触发器原来状态如何，只要将写入代码送至 DIN 端，在写选择线有效时，经两个写放大器，使两端输出为相反电平。当行、列地址选择有效时，使 T_5，T_6，T_7，T_8 导通，并使 A 与 A′点置成完全相反的电平。这样，就把欲写入的信号写入到该单元电路中。如欲写入"1"，即 DIN = 1，经两个写放大器使位线 A 为高电平，位线 A′为低电平，结果使 A 点为高，A′点为低，即写入了"1"信息。基本存储元——六管 SRAM 存储元的工作原理。

（1）写操作：在字线上加一个正电压的字脉冲，使 T_2、T_3 管导通。若要写入"0"，无论该位存储元电路原存何种状态，只需使写入"0"的位线 BS_0 电压降为地电位（加负电压的位脉冲），经导通的 T_2 管，迫使节点 A 的电位等于地电位，就能使 T1 管截止而 T0 管导通。写入 1，只需使写入 1 的位线 BS_1 降为地电位, 经导通的 T_3 管传给节点 B, 迫使 T_0 管截止而 T_1 管导通。写入过程是字线上的字脉冲和位线上的位脉冲相重合的操作过程。

(2) 读操作: 只需字线上加高电位的字脉冲, 使 T_2、T_3 管导通, 把节点 A、B 分别连到位线。若该位存储电路原存 "0", 节点 A 是低电位, 经一外加负载而接在位线 BS_0 上的外加电源, 就会产生一个流入 BS_0 线的小电流 (流向节点 A 经 T_0 导通管入地)。"0" 位线上 BS_0 就从平时的高电位 V 下降一个很小的电压, 经差动放大器检测出 "0" 信号。若该位原存 "1", 就会在 "1" 位线 BS_1 中流入电流, 在 BS_1 位线上产生电压降, 经差动放大器检测出读 "1" 的信号。

读出过程中, 位线变成了读出线。读取信息不影响触发器原来状态, 故读出是非破坏性的读出。若字线不加正脉冲, 说明此存储元没有选中, T_2、T_3 管截止, A、B 节点与位/读出线隔离, 存储元存储并保存原存信息。

(3) 基本存储元——八管静态 MOS 存储元。

目的: 改进的地址双重译码进行字线和位线的选择, 字线分为 X 选择线与 Y 选择线。

实现: 需要在 6 管 MOS 存储元的 A、B 节点与位线上再加一对地址选择控制管 T_7、T_8, 形成了 8 管 MOS 存储元。

基本存储元——6 管双向选择 MOS 存储元。

八管 MOS 存储元改进: 在纵向一列上的 6 管存储元共用一对 Y 选择控制管 T_6、T_7, 这样存储体晶体管增加不多, 但仍是双向地址译码选择, 因为对 Y 选择线所选中的一列只是一对控制管接通, 只有 X 选择线也被选中, 该位才被重合选中。

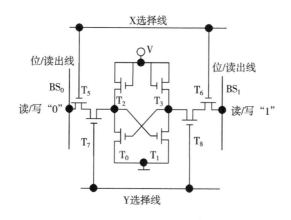

图 4.6 八管 MOS 存储电路

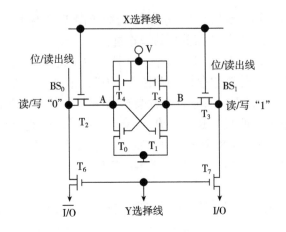

图4.7 六管双向选择 MOS 存储电路

(4) 静态 RAM 芯片举例。

Intel2114 芯片的外特性如下图所示。

2114 的容量为 $1K \times 4$ 位。

图 4.8 中 $A_9 \sim A_0$ 为地址输入端;

$I/O_1 \sim I/O_4$ 为数据输入输出端;

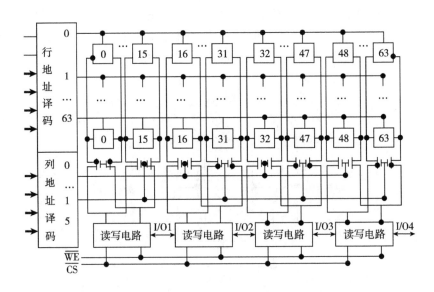

图4.8 2114 存储器的电路

图 4.8 为 2114 芯片内的结构示意。其中每一个小方块均为一个六管 MOS 触

发器基本单元电路,排列成 64×64 矩阵,64 列对应 64 对 T_7、T_8 管。又将 64 列分成 4 组,每组包含 16 列,并与一个读写电路相连,读写电路受到写信号和片选信号控制,4 个读写电路对应 4 根数据线 $I/O_1 \sim I/O_4$。由图可见,行地址经译码后可选中某一行;列地址经译码后可选中 4 组中的对应列。

当对某个基本单元电路进行读/写操作时,必须被行、列地址共同选中。例如,当 $A_9 \sim A_0$ 为全 0 时,对应行地址 $A_8 \sim A_3$ 为 000000,列地址 A_9,A_2,A_1,A_0 也为 0000,则第 0 行的第 0,16,32,48 这 4 个基本单元电路被选中。此刻,若完成读操作,则片选信号为低电平,写信号为高电平,在读写电路的输出端 $I/O_1 \sim I/O_4$ 便输出第 0 行的第 0、16、32、48 这 4 个单元电路所存的信息。若做写操作,将写入信息送至 $I/O_1 \sim I/O_4$ 端口,并使片选信号为低电平、写信号为低电平,同样这 4 个输入信息将分别写入到第 0 行的第 0,16,32,48 四个单元之中。

4.4.2 DRAM 存储器

4.4.2.1 动态 MOS 存储元电路

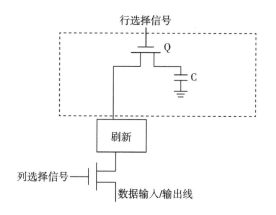

图 4.9 动态 MOS 存储器的电路

4.4.2.2 六管静态存储元电路

在六管静态存储元电路中,信息是存于 T_0,T_1 管栅极电容上,由负载管 T_4,T_5 经外电源给 T_0,T_1 管栅极电容不断地进行充电以补充电容电荷。维持原有信息所需的电荷量。

由于 MOS 的栅极电阻很高,栅极电容经栅漏(或栅源)极间的泄漏电流很小,在一定的时间内(如 2ms),存储的信息电荷可以维持住。为了减少晶体管以提高集成度,可以去掉补充电荷的负载管和电源,变成四管动态存储元,如图 4.10 所示。

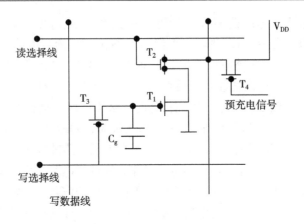

图 4.10　四管动态存储器的基本单元电路

4.4.2.3　三管 MOS 动态存储元电路

由于四管 MOS 的动态存储元电路 T_0、T_1 管的状态总是相反的，因此完全可以只用一个 MOS 管（如 T_1）的状态，截止或导通来表示 0 或 1，这样就可以变成 3 管动态 MOS 存储元电路以进一步提高集成度。三管动态 RAM 芯片的基本单元电路如图 4.11 所示。

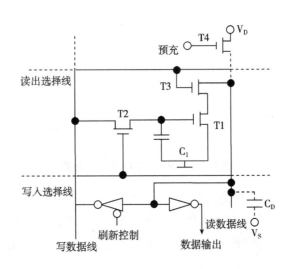

图 4.11　三管动态 RAM 芯片的基本单元电路

三管 MOS 动态存储元电路的工作原理：

（1）写入操作：当写选择线为"1"，打开 T_2 管，欲写入的信息经写数据线送入，通过 T_2 管存到 T_1 管的栅极电容 C_1 上。如写数据线为"1"，则对 C_1 进行充电；如写数据线为"0"，则 C_1 放电。

（2）读出操作：首先预充电脉冲使 T4 管导通，电源先对读出数据线上的寄生电容 CD 进行充电（升高 VD），当读出选择线为"1"时，T_3 管导通，若原存信息为"1"，T_1 导通，则 CD 经 T_3、T_1 管进行放电（注意：不是 C_1 放电）。读数据线上有读出电流，线电位有 ΔV 降落；若原存信息为"0"，T_1 截止，则 CD 不放电，读数据线上无电流、无电压降落。可用读出数据线上有或无读出电流或线电位低或高来判别读出信息"1"或"0"。当 C_1 上充有电荷，存储"1"信息，而读数据线电位却变低是反向的，故需经过倒相放大器后才能保证正确的数据输出。

（3）刷新操作：按一定周期地进行读出操作，但不向外输出。读出信息经刷新控制信号控制的倒相放大器送到写数据线，经导通的 T_2 管就可以实现周期性对 C_1 进行补充电荷。

4.4.2.4 单管动态存储元

为了进一步缩小存储器体积，提高集成度，在大容量动态存储器中都采用单管动态存储元电路。如图 4.12 所示。存储元由 T_1 和 C_d 构成。

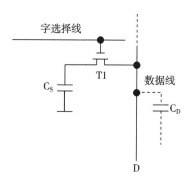

图 4.12 单管动态存储电路

写入时，字选择线加上高电平，使 T_1 管导通，写入信息由数据线 D（位线）存入电容 C_S 中；读出时，首先要对数据线上的分布电容 C_D 预充电，再加入字脉冲，使 T_1 管导通，C_S 与 C_D 上电荷重新分配以达到平衡。根据动态平衡的电荷数多少来判断原存信息是 0 或 1，因此，每次读出后，存储内容就被破坏。是破坏性读出，必须采取措施，以便再生原存信息。

动态 MOS 随机存储芯片的组成大体与静态 MOS 随机芯片相似，由存储体和外围电路组成，但外围电路由于再生操作要复杂得多。

4.4.2.5 刷新（再生）

动态随机存取存储器是通过把电荷充积到 MOS 管的栅极电容或专门的 MOS 电容中来实现存储信息的。由于电容电阻的存在，导致随着时间的增加，其电荷会逐渐漏掉，从而使存储的信息丢失。为了保证存储的信息不遭破坏，必须在电荷漏掉以前就对电容进行充电，以恢复原来的电荷。这一充电过程称为再生，或称为刷新。对于动态 RAM，刷新一般应在小于或等于 2ms 的时间内进行一次。静态随机存取存储器则不同，由于静态 RAM 是以双稳态触发电路为存储单元的，因此它不需要刷新。

动态 RAM 采用"读出"方式进行再生。接在单元数据线上的读放是一个再生放大器，在读出的同时，读放又使该单元的存储信息自动得以恢复。因此，只要依次改变存储单元的行地址，轮流对存储矩阵的每一行所使用的存储单元同时进行读出，当把所有行全部读出一遍，就完成了对存储器的刷新（这种刷新称行地址刷新）。

4.4.3 存储器周期时序图

4.4.3.1 SRAM 芯片的控制信号

ADD   地址信号，在芯片手册中通常表示为 A_0，A_1，A_2，…。

$\overline{CS}$ 芯片选择，低电平时表示该芯片被选中。

$\overline{WE}$ 写允许，低电平表示写操作，高电平表示读操作。

Dout   数据输出信号，在芯片手册中通常表示为 D_0，D_1，D_2，…。

Din   数据输入信号。

$\overline{OE}$ 数据输出允许信号。

4.4.3.2 DRAM 芯片增加的控制信号

RAS*   行地址选通信号

CAS*   列地址选通信号

4.4.3.3 SRAM 时序

从给出有效地址到读出所选中单元的内容在外部数据总线上稳定地出现，其所需的时间 t_A 称为读出时间。读周期与读出时间是两个不同的概念，读周期 t_{RC} 表示存储芯片进行两次连续读操作时所必须间隔的时间，它总是大于或等于读出时间。片选信号 $\overline{CS}$ 必须保持到数据稳定输出，t_{CO} 为片选的保持时间。

读周期：地址有效→$\overline{CS}$ 有效→数据输出→$\overline{CS}$ 复位→地址撤销

要实现写操作，必须要求片选 $\overline{CS}$ 和写命令 $\overline{WE}$ 信号都为低。

要使数据总线上的信息能够可靠地写入存储器，要求 $\overline{CS}$ 信号与 $\overline{WE}$ 信号相"与"的宽度至少应为 t_W。为了保证在地址变化期间不会发生错误写入而破坏存储器的内容，$\overline{WE}$ $\overline{CS}$ 信号在地址变化期间必须为高。为了保证 $\overline{CS}$ 和 $\overline{WE}$ 变为无效前能把数据可靠地写入，要求数据线上写入的数据必须在 t_{Ds} 以前已经稳定。

写周期：地址有效→$\overline{CS}$ 有效→数据有效→$\overline{CS}$ 复位（数据输入）→地址撤销

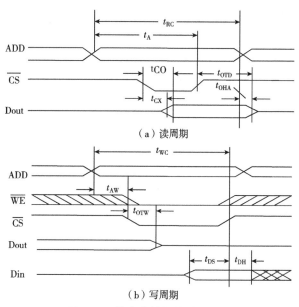

（a）读周期

（b）写周期

图 4.13 静态存储器的读写周期

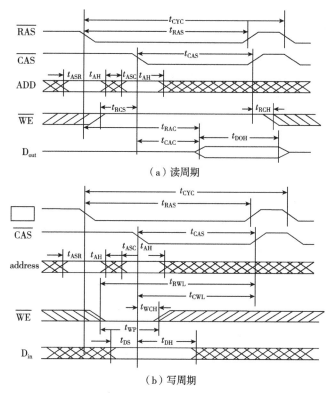

（a）读周期

（b）写周期

图 4.14 动态存储器的读写周期

4.4.3.4　DRAM 时序

读周期：行地址有效→行地址选通→列地址有效→列地址选通→数据输出→行选通、列选通及地址撤销。

写周期：行地址有效→行地址选通→列地址、数据有效→列地址选通→数据输入→行选通、列选通及地址撤销。

4.4.3.5　刷新控制

刷新的概念是对动态存储器要每隔一定时间（通常是 2ms）给全部基本存储元的存储电容补充一次电荷，称为 RAM 的刷新，2ms 是刷新间隔时间。

刷新周期是指 DRAM 存储位元是基于电容器上的电荷量存储，这个电荷量随着时间和温度而减少，因此必须定期地刷新，以保持它们原来记忆的正确信息。常用刷新方式有三种：

（1）集中式刷新（Burst Refresh）：集中式刷新指在一个刷新周期内，利用一段固定的时间，依次对存储器的所有行进行逐一再生，在此期间停止对存储器的读写操作。例如，一个存储器有 1024 行，系统工作周期为 200ns，RAM 刷新周期为 2ms，这样，在每个刷新周期内共有 10000 个工作周期，其中用于再生的为 1024 个工作周期，用于读写操作的共有 8976 个工作周期。

集中式刷新的缺点是期间不能访问存储器，所以这种刷新方式多适用于高速存储器。例如刷新周期为 8ms 的内存来说，所有行的集中式刷新必须每隔 8ms 进行一次。为此将 8ms 时间分为两部分：前一段时间进行正常的读/写操作，后一段时间（8ms 至正常读/写周期时间）作为集中刷新操作时间。

以 2116 芯片为例，假定读/写周期为 500 ns，那么刷新 128 行所需时间为 $500 \times 128 \times 10-3 = 64\mu s$，如果采用集中式刷新方式，那么必须在 2 ms 的时间内集中用 $64\mu s$ 的时间对存储器进行刷新操作，在此期间不允许 CPU 或其他处理机访问存储器。

（2）分散式刷新（Distributed Refresh）：分散式刷新方式是每读/写一次存储器就刷新一行存储元，假定存储器的读/写周期为 500ns，那么相当于读/写周期延长为 1000ns。这就是说，每读/写 128 次存储器就能对 128 行存储元刷新一遍，其刷新的间隔为 $128\mu s$，在 2ms 时间内，能对每个存储元刷新 16 遍。这显然没有必要，而且存储器访问速度因此而降低一半。其优点是不出现"死时间"。例如 DRAM 有 1024 行，如果刷新周期为 16ms，则每一行必须每隔 16ms÷1024＝15.6us 进行一次。分散式刷新方式有两种方法：

第一是把对每一行的再生分散到各个工作周期中去。这样，一个存储器的系统工作周期分为两部分：前半部分用于正常读、写或保持，后半部分用于再生某一行。系统工作周期增加到 400ns，每 1024 个系统工作周期可把整个存储器刷新一遍。可以看出，整个存储器的刷新周期缩短，它不是 2ms，而是 409.6s。但由于它的系统工作周期为读、写所需周期的一倍，因此，使存储器不能高速工作，在实际应用时要加以改进。

第二是为了提高存储器工作效率，经常采取在 2ms 时间内分散地将 1024 行刷新一遍的方法，具体做法是将刷新周期除以行数，得到两次刷新操作之间的时间间隔 t，利用逻辑电路每隔时间 t 产生一次刷新请求。

（3）异步式刷新方式：前述两种刷新方式的结合，基本思想是将刷新操作平均分配到整个刷新间隔时间内进行。访问周期为 500ns，整个芯片共 128 行，即 2ms 时间内，只要求刷新 128 次，于是每行的刷新间隔为：2 ms/128 = 15.625μs。于是将 2ms 时间分成 128 段，每段 15.5μs，在每段内利用 0.5μs 的时间刷新一行，保证在 2ms 时间内能对整个芯片刷新一遍。这种刷新方式是把集中式刷新的 64μs "死时间" 分散成每 15.5μs 出现 0.5μs 的死时间，这对 CPU 的影响不大，而且不降低存储器的访问速度，控制上也并不复杂，是一种比较实用的方式。除此之外，异步式刷新还可利用 CPU 不访问存储器的空闲时间，对存储器进行刷新操作，这种方式完全不出现 "死时间"，也不降低存储器的访问速度，但是必须保证在 2ms 时间内能刷新一遍整个芯片，否则将造成严重后果，因此这种方式控制比较复杂，实现起来比较困难。动态存储器的刷新周期如图 4.15 所示。

刷新周期：

RAS only：刷新行地址有效→RAS 有效→刷新行地址和 RAS 撤销

CAS befor RAS：CAS 有效→RAS 有效→CAS 撤销→RAS 撤销

hidden：（在访存周期中）RAS 撤销→RAS 有效

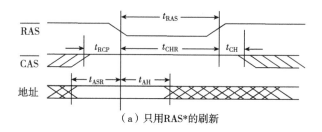

（a）只用 RAS* 的刷新

图 4.15　动态存储器的刷新周期

刷新周期：

RAS only：刷新行地址有效→RAS 有效→刷新行地址和 RAS 撤销

CAS befor RAS：CAS 有效→RAS 有效→CAS 撤销→RAS 撤销

hidden：（在访存周期中）RAS 撤销→RAS 有效

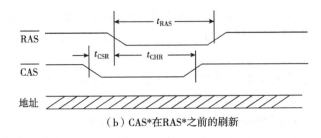

（b）CAS*在RAS*之前的刷新

刷新周期：

RAS only：刷新行地址有效→RAS 有效→刷新行地址和 RAS 撤销

CAS befor RAS：CAS 有效→RAS 有效→CAS 撤销→RAS 撤销

hidden：（在访存周期中）RAS 撤销→RAS 有效

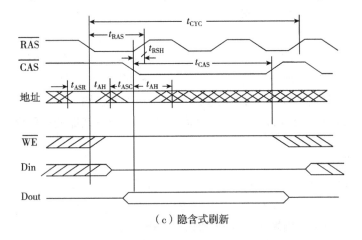

（c）隐含式刷新

图 4.15　动态存储器的刷新周期（续图）

4.5　只读存储器和闪速存储器

只读存储器（Read Only Memory，ROM）

只读存储器 ROM，顾名思义，是在存储器工作的时候只能读出，不能写入。然而其中存储的原始数据，必须在它工作以前写入。只读存储器由于工作可靠，保密性强，在计算机系统中得到广泛的应用。

4.5.1.1　ROM 的结构

只读存储器简称 ROM，它只能读出，不能写入，故称为只读存储器，如图 4.16 所示。工作时，将一个给定的地址码加到 ROM 的地址码输入端，此时，便可在它的输出端得到一个事先存入的确定数据。

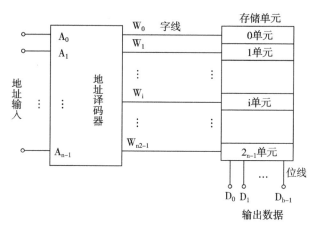

图 4.16　ROM 的内部结构

只读存储器的最大优点是具有不易失性，即使供电电源切断，ROM 中存储的信息也不会丢失。因而 ROM 获得了广泛的应用。只读存储器存入数据的过程，称为对 ROM 进行编程。与 RAM 不同，ROM 一般需由专用装置写入数据。典型的二极管 ROM 结构如图 4.17 所示。

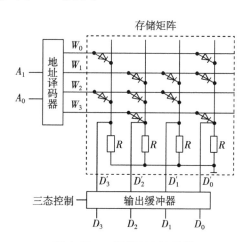

图 4.17　二极管 ROM 结构

4.5.1.2 ROM 典型芯片介绍

EPROM2764 的引脚排列和功能如图 4.18 所示。

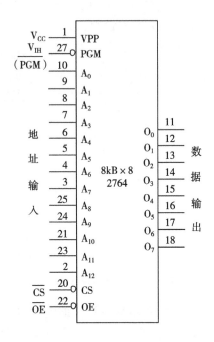

图 4.18 标准 28 脚双列直插 EPROM 2764 引脚

在正常使用时，VCC = +5V、VIH 为高电平，即 VPP 引脚接 +5V、$\overline{PGM}$ 引脚接高电平，数据由数据总线输出。在进行编程时，$\overline{PGM}$ 引脚接低电平，VPP 引脚接高电平（编程电平 +25V），数据由数据总线输入。

$\overline{OE}$：输出使能端，用来决定是否将 ROM 的输出送到数据总线上去，当 $\overline{OE}$ = 0 时，输出可以被使能，当 $\overline{OE}$ = 1 时，输出被禁止，ROM 数据输出端为高阻态。

$\overline{CS}$：片选端，用来决定该片 ROM 是否工作，当 $\overline{CS}$ = 0 时，ROM 工作，当 $\overline{CS}$ = 1 时，ROM 停止工作，且输出为高阻态（无论 $\overline{OE}$ 为何值）。

ROM 输出能否被使能决定于 $\overline{CS}$ + $\overline{OE}$ 的结果，当 $\overline{CS}$ + $\overline{OE}$ = 0 时，ROM 输出使能，否则将被禁止，输出端为高阻态。另外，当 $\overline{CS}$ = 1 时，还会停止对 ROM 内部的译码器等电路供电，其功耗降低到 ROM 工作时的 10% 以下。这样会使整个系统中 ROM 芯片的总功耗大大降低。

4.5.1.3 ROM 的分类

按照数据写入方式特点不同，ROM 可分为以下几种：

（1）固定 ROM。也称掩模 ROM，这种 ROM 在制造时，厂家利用掩模技术直接把数据写入存储器中，ROM 制成后，其存储的数据也就固定不变了，用户对这类芯片无法进行任何修改。

表 4.1　掩模是只读存储器

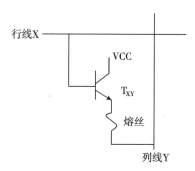

	二极管 ROM	双极型 ROM	MOS ROM
1 单元	行选 b1 列选	行选 V_{dd} b2 列选	行选 b3 列选
0 单元	行选 b4 列选	行选 b5 列选	行选 b6 列选

（2）一次性可编程 ROM（PROM）。PROM 在出厂时，存储内容全为 1（或全为 0），用户可根据自己的需要，利用编程器将某些单元改写为 0（或 1）。PROM 一旦进行了编程，就不能再修改了，如图 4.19 所示。

行线X
VCC
T_{XY}
熔丝
列线Y

图 4.19　PROM 熔丝存储器结构

（3）光可擦除可编程只读存储器（EPROM）。EPROM 是采用浮栅技术生产的可编程只读存储器，它的存储单元多采用 N 沟道叠栅 MOS 管，信息的存储是通过 MOS 管浮栅上的电荷分布来决定的，编程过程就是一个电荷注入过程。编程结束后，尽管撤除了电源，但是，由于绝缘层的包围，注入到浮栅上的电荷无法泄漏，因此电荷分布维持不变，EPROM 也就成为非易失性存储器件了。

· 101 ·

当外部能源（如紫外线光源）加到 EPROM 上时，EPROM 内部的电荷分布才会被破坏，此时聚集在 MOS 管浮栅上的电荷在紫外线照射下形成光电流被泄漏掉，使电路恢复到初始状态，从而擦除了所有写入的信息。这样 EPROM 又可以写入新的信息，如图 4.20 所示。

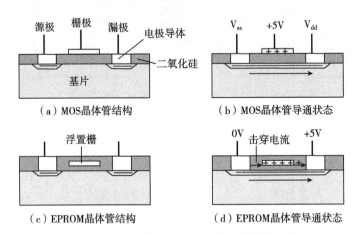

图 4.20　MOS 晶体管与 EPROM 单元的两种工作状态

（4）电可擦除可编程只读存储器（E^2PROM）。E^2PROM 也是采用浮栅技术生产的可编程 ROM，但是构成其存储单元的是隧道 MOS 管，隧道 MOS 管也是利用浮栅是否存有电荷来存储二进制数据的，不同的是隧道 MOS 管是用电进行擦除的，并且擦除的速度要快得多（一般为毫秒数量级）。

E^2PROM 的电擦除过程就是改写过程，它具有 ROM 的非易失性，又具备类似 RAM 的功能，可以随时改写操作（可重复擦写 1 万次以上）。目前，大多数 E^2PROM 芯片内部都备有升压电路。因此，只需提供单电源供电，便可进行读、写、擦除等操作，这为数字系统的设计和在线调试提供了极大方便。

表 4.2　半导体存储器的特点一览表

	种类	存取速度	存储电路	集成度	功耗	成本	特点	代表
可读写	双基型 BRAM	ECL—10ns TTL—25ns	晶体管的触发器	较低于 MOS	大	高	——	
	静态 SMOS	200ns—450ns	六管构成的触发器	居中 16K	较高	居中	易用电池做后备不需刷新电路	2114
	动态 DMOS	150ns—350ns	单管线路—电容	较高 256K	较低	较低	需刷新电路维持每 2ms 刷新一次	2116

续表

种类		存取速度	存储电路	集成度	功耗	成本	特点	代表
只读	掩模		MOS 管		—	较低	存储的信息不是易失的，可保持	
	可编程 PROM		MOS 管		—		可一次写入	
	可擦写 EPROM	350ns —450ns	P 沟道增强型 MOS	16K 256K 较高	—		紫外线可擦除可多次擦写	2716 27256

（5）快闪存储器（Flash Memory）。快闪存储器的存储单元也是采用浮栅型 MOS 管，存储器中数据的擦除和写入是分开进行操作的，数据写入方式与 EPROM 相同，需要输入一个较高的电压，因此要为芯片提供两组电源。Flash Memory 是在 EPROM 与 E^2PROM 基础上发展起来的，它与 EPROM 一样，用单管来存储一位信息，它与 E^2PROM 相同之处是用电来擦除。但是它只能擦除整个区域或整个器件。闪速存储器兼有 ROM 和 RAM 两者的性能，又有 ROM，DRAM 一样的高密度。目前价格已略低于 DRAM，芯片容量已接近于 DRAM，是唯一具有大存储量、非易失性、低价格、可在线改写和高速度（读）等特性的存储器。它是近年来发展很快很有前途的存储器。

4.6　Cache 存储器

4.6.1　Cache 基本原理

对大量的典型程序的运行情况的分析结果表明，在一个较短的时间间隔内，地址往往集中在存储器逻辑地址空间的很小范围内。指令分布比数据分布更集中，但对数组的访问和存储以及对工作单元的选择都可以使存储器相对集中。这种对局部范围存储器地址的频繁访问，对范围以外的地址访问甚少的现象称为程序访问的局部性。

根据局部性原理，可以在 CPU 和主存之间设置一个小容量高速存储器，如果当前正在执行的程序和数据存放在高速存储器中，当程序运行的时候，不必从主存储器取指令和数据，而访问这个高速存储器即可，从而提高了程序得运行速度，这个存储器称为高速缓冲存储器 Cache。其逻辑结构如图 4.21 所示。

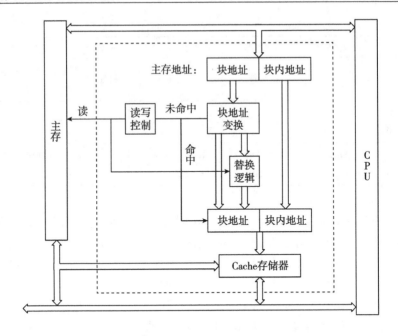

图 4.21　Cache 的逻辑结构

高速缓冲存储器是为了解决 CPU 和主存之间速度匹配问题而采用的一项重要技术。Cache 是一块专门的存储区域,采用高速的存储器件构成,介于 CPU 和主存之间。它将 CPU 对内存的读取改为先读 Cache,如果 Cache 中没有所需的数据,再到内存中去找,但读取的信息同时进入 Cache,当下一次读取该信息时就只需从 Cache 中读取即可。由于 Cache 比内存速度要快得多,所以在使用 Cache 后计算机的速度有明显提高。把 CPU 最近最可能用到的少量信息(数据或指令)从主存复制到 Cache 中,当 CPU 下次再用到这些信息时,它就不必访问慢速的主存,而直接从快速的 Cache 中得到,从而提高了速度。Cache 存储器介于 CPU 和主存之间,它的工作速度数倍于主存,全部功能由硬件实现,并且对程序员是透明的。

为了解决主存储器和 CPU 处理速度不匹配的问题,在两者之间增加了一级高速缓冲存储器。Cache 存储器一般用与制作 CPU 相同的半导体工艺做成,其存取速度可同 CPU 相匹配,属于同一个量级。但是从制造成本上考虑,一般为 1K ~ 256K 字不等。它有以下特点:

(1) 高速:存取速度比主存快,以求与 CPU 匹配。由高速的 SRAM 组成,全部功能由硬件实现,保证了高速度。

(2) 容量小:因价格贵,所以容量较小,一般为几百 KB,作为主存的一个副本可分为片内 Cache 和片外 Cache。

随着技术的提高，Cache 的容量有所增加。高速缓冲存储器的设计，利用的是程序访问的局部性原理。如磁盘 Cache，它在主存中开辟了一小块空间来存放经常访问的磁盘中的数据块。

4.6.2　主存与 cache 的地址映射

地址映象的功能是把 CPU 发送来的主存地址转换成 Cache 的地址。当信息按这种方式装入 Cache 中后，执行程序时，应将主存地址变换为 Cache 地址，这个变换过程叫作地址变换。地址映象方式通常采用直接映象、全相连映象、组相连映象三种。

地址映象：为了把信息放到 Cache 中，必须应用某种函数把主存地址映象到 Cache 中定位，称作地址映象。

地址变换：在信息按这种映象关系装入 Cache 后，执行程序时，应将主存地址变换成 Cache 地址。这个变换过程叫作地址变换。地址映象和变换是密切相关的。

4.6.2.1　直接映象

假设主存空间被分为 2m 个页，其页号分别为 0，1，…i…2m−1，每页大小为 2b 个字，Cache 存储空间被分为 2c 个页（页号为 0，1，…j…2c−1），每页大小同样为 2b 个字，（c<m），如图 4.22 所示。

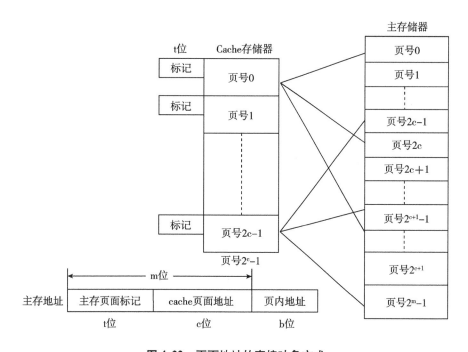

图 4.22　页面地址的直接映象方式

（1）直接映象函数定义：j = i mod 2c

式中，j 是 Cache 的页面号，i 是主存的页面号。显然，主存的第 0 页，2c 页，2c + 1…只能映象到 Cache 的第 0 块（共 2t 个页）。主存的第 1 页，第 2c + 1 页，…（共 2t 个页）只能映象到 Cache 的第 1 页，其中，图中的主存页面标记（t 位）用来表明主存对应同一个 Cache 页面的 2t 个页面中，究竟是哪一个页面存放到 Cache 中。

（2）主存地址：最后 b 位是页内地址，中间 c 位是 Cache 的页面地址，高 t（= m − c）位是主存的页面标记，用来标明主存的 2t 个页面中究竟哪个页面已在 Cache 中。

直接映象是一种最简单的地址映象方式，它的地址变换速度快，而且不涉及其他两种映象方式中的替换策略问题。但是这种方式的块冲突概率较高，当程序往返访问两个相互冲突的块中的数据时，Cache 的命中率将急剧下降，因为这时即使 Cache 中有其他空闲块，也因为固定的地址映象关系而无法应用。例如，一个 Cache 的大小为 2KB 字，每个块为 16 字，这样 Cache 中共有 128 个块。假设主存的容量是 256KB 字，则共有 16384 个块。主存的地址码将有 18 位。在直接映象方式下，主存中的第 1 ~ 128 块分别映象到 Cache 中的第 1 ~ 128 块，第 129 块则映象到 Cache 中的第 1 块，第 130 块映象到 Cache 中的第 2 块，依次类推。

（3）工作过程：地址变换部件在收到 CPU 送来的主存地址后，只需根据中间 c 位字段找到 Cache 存储器页面号，然后检查标记是否与主存地址高 t 位相符合，如果符合，则可根据页号地址和低 b 位地址访问 Cache，如果不符合，就要从主存读入新的页面来替换旧的页面，同时修改 Cache 标记。

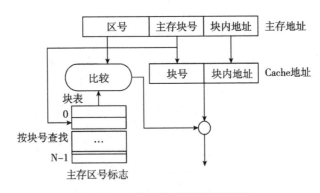

图 4.23　直接映象的地址变换方法

直接映象是一种最简单的地址映象方式，它的地址变换速度快，而且不涉及其他两种映象方法中的替换策略问题。缺点是不够灵活，因每个主存块只能固定地对应某个缓存块，即使缓存内还空着许多位置也不能占用，使缓存的存储空间得不到充分的利用。此外，如果程序恰好要重复访问对应同一缓存位置的不同主存块，就要不停地进行替换，从而降低了命中率。直接映象的地址变换方法如图 4.23 所示。

4.6.2.2 全相联映象方式

主存中的每一个字块可映象到 Cache 任何一个字块位置上，这种方式称为全相联映象。这种方式只有当 Cache 中的块全部装满后才会出现块冲突，所以数据块冲突概率较低，可达到很高的 Cache 命中率，但实现很复杂。当访问一个块中的数据时，块地址要与 Cache 块表中的所有地址标记进行比较以确定是否命中。在数据块调入的时候存在着比较复杂的替换问题，即决定将数据块调入 Cache 中什么位置，将 Cache 中那一块数据调出主存。为了达到较高的速度，全部比较和替换都要用硬件实现。

全相联映象方式是最灵活但成本最高的一种方式，如图 4.24 所示。它允许主存中的每一个字块映象到 Cache 存储器的任何一个字块位置上，也允许从已被占满的 Cache 存储器中替换出任何一个旧数据块。这是一个理想的方案。实际上由于它的成本太高而不予采用。不只是它的标记位数从 t 位增加到 t + c 位，使 Cache 标记容量增大，主要问题是在访问 Cache 时，需要和 Cache 的全部标记进行"比较"才能判断出所访问主存地址的内容是否已在 Cache 中，由于 Cache 速度要求高，所以全部"比较"操作都要用硬件实现，通常由相联存储器完成。所需逻辑电路甚多，以致无法用于 Cache 中，实际的 Cache 组织则是采用各种措施来减少所需比较的地址数目。

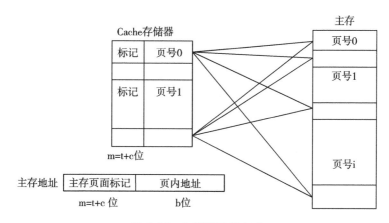

图 4.24　全相联映象方式

全相联方法在 Cache 中的块全部装满后才会出现块冲突，而且可以灵活地进行块的分配，所以块冲突的概率低，Cache 的利用率高。但全相联 Cache 中块表查找的速度慢，控制复杂，需要一个用硬件实现的替换策略，实现起来比较困难。为了提高全相联查表的速度，地址映象表可用相联存储器实现。但相联存储器的容量一般较低，速度较慢。所以全相联的 Cache 一般用于容量比较小的 Cache 中。全相联映象方式组织结构见图 4.25 所示。

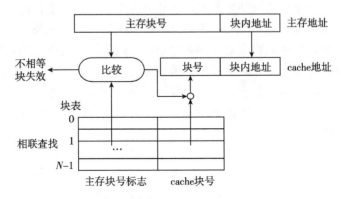

图 4.25　全相联映象方式组织结构

4.6.2.3　组相联映象方式

组相联映象方式是直接映象和全相联映象的一种折中方案。这种方法将存储空间分为若干组，各组之间是直接映象，而组内各块之间则是全相联映象。它是上述两种映象方式的一般形式，如果组的大小为 1，即 Cache 空间分为 2N 组，就变为直接映象；如果组的大小为 Cache 整个的尺寸，就变为了全相联映象。组相联方式在判断块命中及替换算法上都要比全相联方式简单，块冲突的概率比直接映象的低，其命中率也介于直接映象和全相联映象方式之间。

（A）将 Cache 分为 2n 个组，每组包含 2r 个页面，Cache 共有 2c = 2n + r 个页面。其映象关系为：$j = (i \bmod 2n) \times 2r + k \ (0 \leqslant k \leqslant 2r - 1)$

例，设 n = 3 位，r = 1 位，考虑主存字块 15 可映象到 Cache 的哪一个字块中。

根据公式，可得：

$j = (i \bmod 2n) \times 2r + k = (15 \bmod 23) \times 21 + k = 7 \times 2 + k = 14 + k$

又因为　　　$0 \leqslant k \leqslant 2r - 1 = 1$，所以：k = 0 或 1

代入后得 j = 14（k = 0）或 15（k = 1）。所以主存模块 15 可映象到 Cache 字块 14 或 15。

在第 7 组，根据主存地址的"Cache 组地址"字段访问 Cache，并将主存字块标记(t 位 + r 位)与 Cache 同一组的 2^r 个字块标记进行比较，并检查有效位，以确定是否命中。当 r 不大时，需要同时进行比较的标记数不大，这个方案还是比较现实。组相联映象如图 4.26 和 4.27 所示。

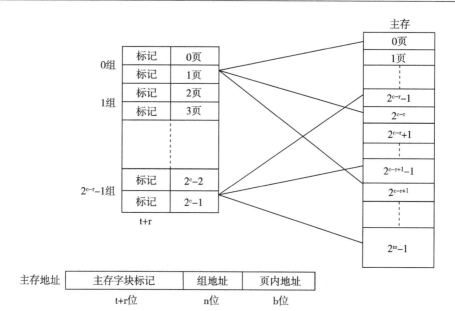

图 4.26 页面地址的组相联映象

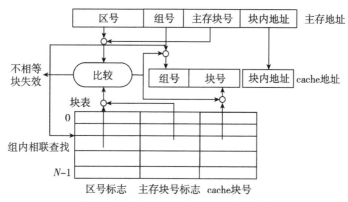

图 4.27 组相联映象的地址变换方法

组相联映象相对于直接映象的优越性随 Cache 容量的增大而下降，分组的效果随着组数的增加而下降。实践证明，全相联 Cache 的失效率只比 8 路组相联 Cache 的稍微低一点。全相联和组相联地址映象方法尽管可以提高命中率，但随之增加的复杂性和降低的速度也是不容忽视的。因此，一般在容量小的 Cache 中可采用组相联映象或全相联映象方法，而在容量大的 Cache 中则可以采用直接映象的 Cache。在速度要求较高的场合采用直接映象，而在速度要求较低的场合采用组相联或全相联映象。

案例：

有一个"Cache – 主存"存储层次。主存共分 8 个块（0 – 7），Cache 为 4 个块（0-3），采用组相联映象，组内块数为2块，替换算法为近期最少使用法（LRU）。

（1）画出主存、Cache 存储器地址的各字段对应关系；

（2）画出主存、Cache 存储器空间块的映象对应关系之示意图；

（3）对于如下主存块地址流：1，2，4，1，3，7，0，1，2，5，4，6，4，7，2，如主存中内容一开始未装入 Cache 中，请列出随时间的 Cache 中各块的使用状况；

（4）对于（3），指出块失效又发生块争用的时刻；

（5）对于（3），求出此期间 Cache 之命中率。

解：（1）

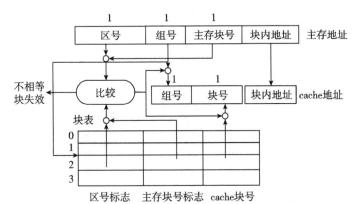

（2）主存的第0和第1块映象到 cache 的第0和第1块

主存的第2和第3块映象到 cache 的第2和第3块

主存的第4和第5块映象到 cache 的第0和第1块

主存的第6和第7块映象到 cache 的第2和第3块

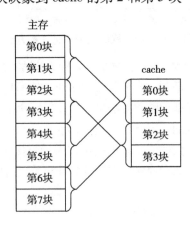

（3）

1	2	4	1	3	7	0	1	2	5	4	6	4	7	2
1	1	1	1	1	1	1	1	1	1	4	4	4	4	4
−	−	4	4	4	4	0	0	0	5	5	5	5	5	5
−	2	2	2	2	7	7	7	7	7	6	6	6	6	2
−	−	−	−	3	3	3	3	2	2	2	2	2	2	7

（4）6，7，9，10，11，12，14，15

（5）$h = 3/15 = 0.2$

4.6.3　主存与 cache 的替换策略

Cache 和存储器一样具有两种基本操作，即读操作和写操作。当 CPU 发出读操作命令时，根据它产生的主存地址分为两种情形：一种是需要的数据已在 Cache 中，那么只需直接访问 Cache，从对应单元中读取信息到数据总线；另一种是需要的数据尚未装入 Cache，CPU 需从主存中读取信息的同时，将从主存中取出的内容放到 Cache 中。若 Cache 中尚有空闲的块，则可将新的内容写入；若 Cache 中的块都已装满，则需进行替换。替换机构是按替换算法设计的，其作用是指出应该替换的块号。替换算法与 Cache 的命中率相关，替换机构由硬件实现。常见的替换策略有两种：

4.6.3.1　先进先出策略（FIFO）

FIFO（First In First Out）策略总是把最先调入的 Cache 字块替换出去，它不需要随时记录各个字块的使用情况，较容易实现；缺点是经常使用的块，如一个包含循环程序的块也可能由于它是最早的块而被替换掉。

4.6.3.2　最近最少使用策略（LRU）

LRU（Least Recently Used）策略是把当前近期 Cache 中使用次数最少的那块信息块替换出去，这种替换算法需要随时记录 Cache 中字块的使用情况。LRU 的平均命中率比 FIFO 高，在组相联映象方式中，当分组容量加大时，LRU 的命中率也会提高。

地址流：1 0 2 2 1 7 6 7 0 1 2 0 3 0 4 5 1 5 2 4 5 6 7 6 7 2 4 2 7 3

页面：

1	1	1	1	1	1	1	1	1	1	1	1	1	1	4	4	4	4	4	4	4	4	4	4	2	2	2	2
−	0	0	0	0	0	6	6	6	6	2	2	2	2	2	5	5	5	5	5	5	5	5	5	5	4	4	4
−	−	2	2	2	2	2	0	0	0	0	0	0	0	0	0	2	2	2	7	7	7	7	7	7	7	7	7
−	−	−	−	−	7	7	7	7	7	7	3	3	3	3	1	1	1	1	1	6	6	6	6	6	6	6	3

命中：$n\,n\,n\,y\,y\,n\,n\,y\,n\,y\,n\,y\,n\,n\,n\,y\,n\,y\,y\,n\,n\,y\,y\,n\,n\,y\,y\,n$

答：命中率 $=13/30=43.3\%$

范例：替换算法

一个两级存储器系统有八个磁盘上的虚拟页面需要映射到主存中的四个页框架中。某程序生成以下访存页号序列：1，0，2，2，1，7，6，7，0，1，2，0，3，0，4，5，1，5，2，4，5，6，7，6，7，2，4，2，7，3。画出每个页号访问请求之后存放在主存中的位置，采用 LRU 替换策略，计算主存的命中率，假定初始时主存为空。

4.6.4 Cache 的写操作

Cache 写操作时的情况要比读操作更复杂，因为写入 Cache 的数据如果不写入主存，这时主存中的数据和 Cache 中的相应数据就不一致；由于 Cache 的内容只是主存部分内容的拷贝，它应当与主存内容保持一致。而 CPU 对 Cache 的写入更改了 Cache 的内容。如果将写入 Cache 的数据同时写入主存，则写操作的时间将是访问主存的时间，Cache 就不能提高写操作的速度了。处理这种情况采用的方法就是更新策略。当出现写操作，如何与主存内容保持一致，可选用如下写操作策略：

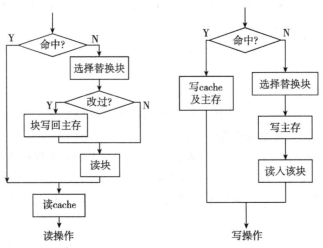

图 4.28 按写分配的 Cache 写操作流程

全写法（写直达法）：写命中时，Cache 与内存一起写。这种方法使得写访问的实践为主存的访问时间，但块更新时不需要将调出的块写回主存。

写回法：写 Cache 诗不写主存，而当 Cache 数据被替换出去时才写回主存。写回法的 Cache 中的数据会和主存中的不一样。为了区别 Cache 中的数据是否与主存一致，Cache 中的每一块要增加一个记录信息位。根据此信息进行换出时，对行的修改位进行判断，决定是写回还是舍掉。

当出现写操作 Cache 不命中时，有一个在写主存时是否将数据读取到 Cache 中的问题，对应的更新策略为：

按写分配：当 Cache 写不命中时把该地址相对应的块从主存调入 Cache。

不按写分配：当 Cache 写不命中时把该地址相对应的块不从主存调入 Cache。

这两种方法对不同的 Cache 命中时的更新策略效果不同，但是命中率差别不大。一般写回法采用按写分配法，写直达法则采用不按写分配法，如图 4.28、图 4.29 所示。

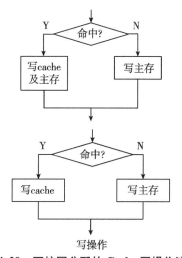

图 4.29 不按写分配的 Cache 写操作流程

对于有多个处理器的系统，各自都有独立的 Cache，且都共享主存，这样又出现了新问题。即当一个缓存中数据修改时，不仅主存中相对应的字无效，连同其他缓存中相对应的字也无效（当然恰好其他缓存也有相应的字）。即使通过写直达法，改变了主存的相应字，而其他缓存中数据仍然无效。显然，解决系统中 Cache 一致性的问题很重要。

Cache 刚出现时，典型系统只有一个缓存，近年来普遍采用多个 Cache。其含义有两方面：一是增加 Cache 的级数，二是将统一的 Cache 变成分开的 Cache。

（1）单一缓存和两级缓存。单一缓存即在 CPU 和主存之间只设一个缓存。随着集成电路逻辑密度的提高，又把这个缓存直接与 CPU 制作在同一个芯片内，故又叫片内缓存（片载缓存）。片内缓存可以提高外部总线的利用率，因为

Cache 做在芯片内，CPU 直接访问 Cache 不必占用芯片外的总线（外部总线），而且片内缓存与 CPU 之间的数据通路很短，大大提高了存取速度，外部总线又可更多地支持 I/O 设备与主存的信息传输，增强了系统整体效率。可是，由于片内缓存制在芯片内，其容量不可能很大，这就可能致使 CPU 欲访问的信息不在缓存内，势必再通过外部总线访问主存，访问次数多了，整机速度就会下降。如果在主存与片内缓存之间，再加一级缓存，叫作片外缓存，而且它是由比主存动态 RAM 和 ROM 存取速度更快的静态 RAM 组成，那么，从片外缓存调入片内缓存的速度就能提高，而 CPU 占用外部总线的时间也就大大下降，整机工作速度有明显改进。这种由片外缓存和片内缓存组成的 Cache，叫作两级缓存，并称片内缓存为第一级，片外缓存为第二级。

（2）统一缓存和分开缓存。统一缓存是指指令和数据都存放在同一缓存内的 Cache；分开缓存是指指令和数据分别存放在两个缓存中，一个叫指令 Cache，一个叫数据 Cache。两种缓存的选用主要考虑如下两个因素：第一，它与主存结构有关，如果计算机的主存是统一的（指令、数据存在同一主存内），则相应的 Cache 就采用统一缓存；如果主存采用指令、数据分开存放的方案，则相应的 Cache 就采用分开缓存。第二，它与机器对指令执行的控制方式有关。当采用超前控制或流水线控制方式时，一般都采用分开缓存。

所谓超前控制是指在当前指令执行过程尚未结束时，就提前将下一条准备执行的指令取出，即超前取指或叫指令预取。所谓流水线控制实质上是多条指令同时执行，又可视为指令流水。当然，要实现同时执行多条指令，机器的指令译码电路和功能部件也需多个。超前控制和流水线控制特别强调指令的预取和指令的并行执行，因此，这类机器必须将指令 Cache 和数据 Cache 分开，否则可能出现取指和执行过程对统一缓存的争用。如果此刻采用统一缓存，则在执行部件向缓存发出取数请求时，一旦指令预取机构也向缓存发出取指请求，那么统一缓存只有先满足执行部件请求，将数据送到执行部件，让取指请求暂时等待，显然达不到领取指令的目的，从而影响指令流水的实现。

4.7　半导体存储器的组成与控制

4.7.1　半导体存储器的基本组成

（1）储存信息的存储体。

（2）信息的寻址机构，即读出和写入信息的地址选择机构，包括：地址寄存器（MAR）和地址译码器。

（3）存储器数据寄存器 MDR。

（4）写入信息所需的能源，即写入线路、写驱动器等。

（5）读出所需的能源和读出放大器，即读出线路、读驱动器和读出放大器。

（6）存储器控制部件。无论是读或写操作，都需要由一系列明确规定的连续操作来完成，因此需要主存时序线路、时钟脉冲线路、读逻辑控制线路，写或重写逻辑控制线路以及动态存储器的定时刷新线路等，这些线路总称为存储器控制部件。

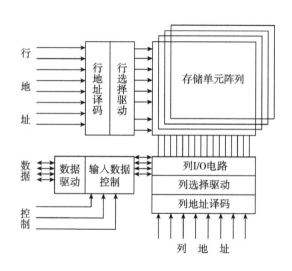

图 4.30　RAM 的阵列结构

4.7.2　RAM 结构与地址译码—字结构或单译码方式

字结构：同一芯片存放一个字的多位，如 8 位。优点是：选中某个单元，其包含的各位信息可从同一芯片读出，缺点是芯片外引线较多，成本高。适合容量小的静态 RAM。

位结构：同一芯片存放多个字的同一位，优点是芯片的外引线少，缺点是需要多个芯片组和工作。适合动态 RAM 和大容量静态 RAM。

（1）结构：储容量 $M = W$ 行 $\times b$ 列；阵列的每一行对应一个字，有一根公用的字选择线 W；每一列对应字线中的一位，有两根公用的位线 BS_0 与 BS_1。存储器的地址不分组，只用一组地址译码器。

（2）字结构是2度存储器：只需使用具有两个功能端的基本存储电路：字线和位线。

（3）优点：结构简单，速度快，适用于小容量M。

（4）缺点：外围电路多、成本昂贵，结构不合理。

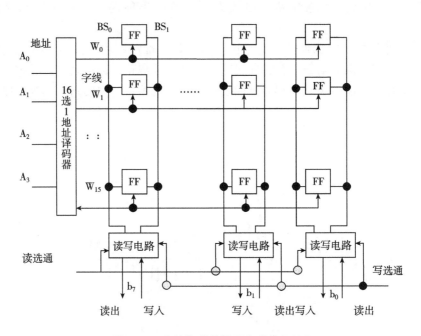

图4.31　字结构或单译码方式的RAM

4.7.3　RAM结构与地址译码—位结构或双译码方式

结构：

容量：N（字）×b（位）的RAM，把每个字的同一位组织在一个存储片上，每片是N×1；再把b片并列连接，组成一个N×b的存储体，就构成一个位结构的存储器。

在每一个N×1存储片中，字数N被当作基本存储电路的个数。若把N＝2n个基本存储电路排列成N_x行与N_y列的存储阵列，把CPU送来的n位选择地址按行和列两个方向划分成n_x和n_y两组，经行和列方向译码器，分别选择驱动行线X与列线Y。

采用双译码结构，可以减少选择线的数目。

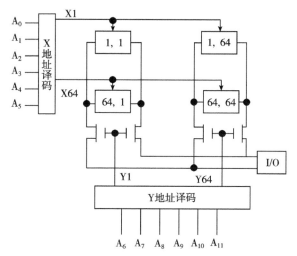

图 4.32　位结构双译码方式的 RAM

4.7.4　RAM 结构与地址译码—字段结构

结构：

存储容量 W（字）×B（位），W＞b：分段 Wp（＝W/S）×Sb

字线分为两维，位线有 Sb 对。

双地址译码器。

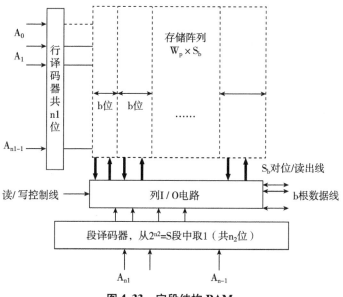

图 4.33　字段结构 RAM

4.7.5　地址译码器

接收系统总线传来的地址信号，产生地址译码信号后，选中存储矩阵中的某个或几个基本存储单元。从结构类型上分类：单译码，双译码。单译码方式适合小容量的存储器。例如：地址线 12 根，对应 4096 个状态，需要 4096 根译码线。双译码方式适合大容量存储器（也称为矩阵译码器）。分 X，Y 两个方向的译码。例如：地址线 12 根。X，Y 方向各 6 根，$64 \times 64 = 4096$ 个状态，128 根译码线。

4.7.6　存储器的扩展

存储器与 CPU 的连接包括存储器与数据总线、地址总线和控制总线的连接。由于存储芯片的容量有限，在构成实际的存储器时，单个芯片往往不能满足存储器位数（数据线的位数）或字数（存储单元的个数）的要求，需要用多个存储芯片进行组合，以满足对存储容量的要求。这种组合称为存储器的扩展，通常有位扩展、字扩展和字位扩展 3 种方式。

4.7.6.1　存储器位扩展

在微机中，存储器的大小通常是按字节来度量的。如果一个存储芯片不能同时提供 8 位数据，就必须把几块芯片组合起来使用，这就是存储器芯片的"位扩展"。现在的微机可以同时对存储器进行 64 位的存取，这就需要在 8 位的基础上再次进行"位扩展"。位扩展把多个存储芯片组成一个整体，使数据位数增加，但单元个数不变。经位扩展构成的存储器，每个单元的内容被存储在不同的存储器芯片上。

以 SRAM Intel 2114 芯片为例，其容量为 $1KB \times 4$ 位，数据线为 4 根，每次读写操作只能从一块芯片中访问到 4 位数据；而计算机要用 2114 芯片构成 1KB 的内存空间，需 2 块该芯片，在位方向上进行扩充。在使用中，将这两块芯片看作是一个整体，它们将同时被选中，共同组成容量为 1KB 的存储器模块，称这样的模块为芯片组。

位扩展构成的存储器在电路连接时采用的方法是：将每个存储器芯片的数据线分别接到系统数据总线的不同位上，地址线和各种控制线（包括选片信号线、读/写信号线等）则并联在一起。

案例：位扩展例题

用 $1KB \times 4$ 的 2114 芯片构成 $1KB \times 8$ 的存储器系统。

由于每个芯片的容量为 1KB，故满足存储器系统的容量要求。但由于每个芯片只能提供 4 位数据，故需用 2 片这样的芯片，它们分别提供 4 位数据至系统的数据总线，以满足存储器系统的字长要求。电路的设计如下：

①每个芯片的 10 位地址线按引脚名称一一并联，按次序接到系统地址总线的低 10 位。

②数据线按芯片编号连接，1 号芯片的 4 位数据线依次接至系统数据总线的 $D_0 \sim D_3$，2 号芯片的 4 位数据线依次接至系统数据总线的 $D_4 \sim D_7$。

③两个芯片的端并联，接到系统控制总线的存储器写信号。例如 CPU 为 8086/8088，可由和/M 或 IO/ 的组合来承担。

④片选信号并联后接至地址译码器的输出端，而地址译码器的输入则由系统地址总线的高位来承担。具体连线如图 4.34 所示。

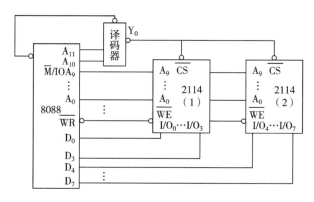

图 4.34　位扩展连接

从图中可以看出，存储器每个存储单元的内容都存放在不同的存储芯片中。1 号芯片存放的是存储单元的低 4 位，2 号芯片存放的是存储单元的高 4 位。而总的存储单元个数保持不变。当存储器工作时，系统同时选中两个芯片，在读/写信号的作用下，两个芯片的数据同时读出或写入，产生一个字节的输入/输出。

4.7.6.2　字扩展

字扩展是对存储器容量的扩展。存储器芯片的字长符合存储器系统的要求，但其容量太小，即存储单元的个数不够，需要增加存储单元的数量。

例如，用 16KB × 8 的 EPROM2716A 存储器芯片组成 64KB × 8 的存储器系统。由于每个芯片的字长为 8 位，故满足存储器系统的字长要求。但每个芯片只能提供 4KB 个存储单元，故需用 2 片这样的芯片，以满足存储器系统的容量要求。

字扩展构成的存储器在电路连接时采用的方法是：将每个存储芯片的数据线、地址线、读写等控制线与系统总线的同名线相连，仅将各个芯片的片选信号分别连到地址译码器的不同输出端，用片选信号来区分各个芯片的地址。

范例：字扩展例题

用 2KB×8 的 2716A 存储器芯片组成 8KB×8 的存储器系统。

由于 2716A 芯片的字长为 8 位，故满足存储器系统的字长要求。但由于每个芯片只能提供 2KB 个存储单元，所以要构成容量为 8KB 的存储器，需要 8KB/2KB=4 片 2716A，以满足存储器系统的容量要求。电路的设计如下：

①每个芯片的 11 位地址线按引脚称并联，然后按次序与系统地址总线的低 11 位相连。

②每个芯片的 8 位数据线依次接至系统数据总线的 D_0—D_7。

③4 个芯片并联后接到系统控制总线的存储器读信号，它们的引脚分别接至地址译码器的输出端，地址译码器的输入则由系统地址总线的高位来承担。硬件连线如图 4.35 所示。

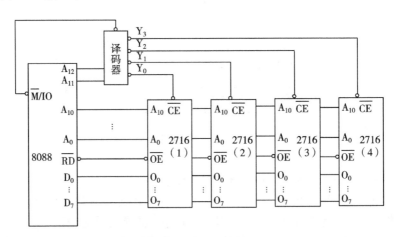

图 4.35　字扩展连接图

4.7.6.3　字位扩展

字位扩展是从存储芯片的位数和容量两个方面进行扩展。在构成一个存储系统时，如果存储器芯片的字长和容量均不符合存储器系统的要求，此时需要用多个芯片同时进行位扩展和字扩展，以满足系统的要求。进行字位扩展时，通常是先做位扩展，按存储器字长要求构成芯片组，再对这样的芯片组进行字扩展，使总的存储容量满足要求。

一个存储器的容量假定为 M×N 位，若使用 l×k 位的芯片（l<M，k<N）需要在字向和位向同时进行扩展。此时共需要（M/l）×（N/k）个存储器芯片。其中，M/l 表示把 M×N 的空间分成（M/l）个部分（称为页或区），每页（N/k）个芯片。

4.8 多体交叉存储器

选定了存储器芯片之后，进一步提高存储器性能的措施是从结构上提高存储器的宽度。这种结构上的措施主要是增加存储器的数据宽度和采用多体交叉存储技术。

4.8.1 增加存储器的数据宽度

增加数据宽度即在位扩展中，将存储器的位数扩展到大于数据字的宽度，它包括增加数据总线的宽度和存储器的宽度，这样可以增加同时访问的数据量，以提高存储器操作的并行性，从而提高数据访问的吞吐率。如图 4.36 所示。

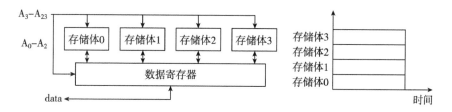

图 4.36 宽行存储器

这种方法主要是提高 CPU 访问存储器连续地址时的存储器的数据流通量。但对于非连续访问的情况，则不能提高存储器的数据流通量。这时需要采用多体交叉存储器。

4.8.2 采用多体交叉存储器

多体交叉存储器（Interleaved Memory）有多个相互独立、容量相同的存储模块构成。每个体都有各自的读写线路、地址寄存器和数据寄存器，各自以等同的方式与 CPU 传递信息。CPU 访问多个存储体一般是在一个存储周期内分时访问每个存储体。当存储体为 4 个时，只要连续访问的存储单元位于不同的存储体，则每个 1/4 周期就可以启动一个存储体的访问，个体的读写过程重叠进行。这样对每个存储体来说，存储周期没有变，而对 CPU 来说则可以在一个存储周期内连续访问 4 个存储体。在多体交叉的存储器中，各存储体的地址分配对于存储器的总体性能是一个关键的因素。两种典型的方法如图 4.37 和图 4.38 所示。

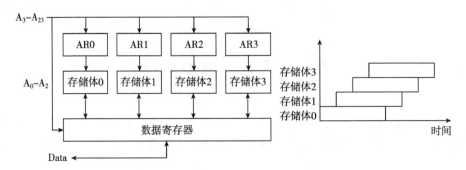

图 4.37　低位多体交叉存储器结构

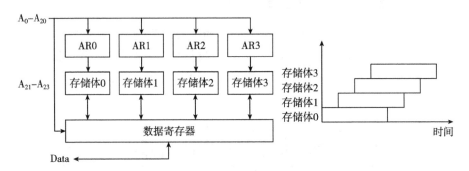

图 4.38　高位多体交叉存储器结构

　　在多体交叉存储器中，存储体的数量也是影响其性能的一个重要因素。在低位交叉的结构中，存储体的个数必须是 2 的 k 次幂，否则就需要复杂的地址转换电路。在高位交叉的存储器中则比较灵活，可采用最多是 2 的 k 次幂的任意数量的存储体数，而且很容易扩充。低位交叉的另一个问题是可靠性较差，多个存储体如果有一个出现故障就会影响到整个存储器的工作。

4.9　虚拟存储器

4.9.1　虚拟存储器的概念

　　虚拟存储器位于"主存——辅存"层次。根据程序运行的局部性原理，一个程序运行时，在一小段时间内，只会用到程序和数据的一小部分，仅把这些程序和数据装入主存储器即可，更多的部分可以在用到时随时从磁盘调入主存储器，这是提出虚拟存储器的核心依据。虚拟存储器所追求的目标是摆脱主存储器容量的限制，降低存储一定信息所用的成本。

虚拟存储器，通常是指高速磁盘上的一片存储空间，其功能是通过硬件、软件的办法，可以将其作为主存储器的扩展的存储空间一样来使用，这就使得程序设计人员能够使用比主存储器实际容量大得多的存储空间来设计和运行程序。

虚拟存储器中经常使用三种基本管理技术：页式存储管理、段式虚拟存储器、段页式虚拟存储器。

4.9.2　页式存储管理

4.9.2.1　地址映象变换

图 4.39 给出了页式存储器管理的地址变换过程。这一地址变换过程是：用虚地址中的虚页号与页表基地址相加，求出对应该虚页的页表表目在主存中的实际地址，从该表目的实页号字段取出实页号再拼上虚地址中的页内地址，就得到读主存数据用的实存地址。当需要把一页从虚存调入主存时，操作系统从主存储器的空闲区找出一页分配给这一页，把该页的内容写入主存，把主存储器的实际页号写进表的相应表目的实页号字段，写装入位为 1。

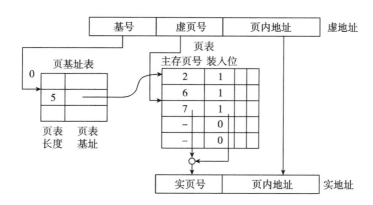

图 4.39　页式地址映象方法

页式管理在存储空间较大时，由于页表过大，工作效率将降低。当页面数量很多时，页表本身占用的存储空间将很大，对这样的页表可能又要分页管理了；为了解决这个问题，人们提出了段式虚拟存储器的概念。

4.9.2.2　页和页表

页式存储管理，是另一种经常用到的虚拟存储器管理技术。它的主要思路是把逻辑地址空间和主存实际地址空间，都分成大小相等的页，并规定页的大小为 2 的整数幂个字，则所有地址都可以用页号拼接页内地址的形式来表示。虚拟地址用虚页号和页内地址给出，主存实际地址用实页号和页内地址给出。在页式管理中，操作系统在建立程序运行环境时建立所有的页框架，在页表中记录各页的存储位置。当内存页面占满时，操作系统必须选择一个页，将其替换出去。通常采用的替换算法如 LRU。在虚拟存储器中进行地址变换时，通过页表将虚页号变换成主存中实页号。当页表中该页对应的装入位为 1 时，表示该页在内存中，可按主存地址访问主存；如果装入位为 0 时，表示该页不在内存中，就从外存中调页。先通过外部地址变换，一般通过查外页表，将虚地址变换为外存中的实际地址，然后通过输入输出接口将该页调入内存。

4.9.3 段式存储管理

4.9.3.1 段的概念

在程序设计过程中，通常会把在逻辑上有一定的独立性的程序段落单独划分成一个独立的程序单位，供主程序或其他程序部分调用，一个完整的程序是由许多程序经过连接组成的。而每个程序就是一个程序段，可采用用段名或段号指明程序段，每个段的长度是随意的，由组成程序段的指令条数决定。把主存按段分配的存储管理方式称为段式管理，采用段式管理的虚拟存储器称为段式虚拟存储器。段的长度可以任意设定，并可以放大和缩小。段式管理是一种模块化的存储管理方式，在段式管理的系统中，操作系统给每一个运行的用户程序分配一个或几个段，每个运行的程序只能访问分配给该程序的段对应的主存空间，每个程序都以段内地址访问存储器，即每个程序都按各自的虚拟地址访存。系统运行时，每个程序都有一个段标识符，不同的程序中的地址被映象到不同的段中，因此也可以将段标识符作为虚地址的最高位段，即基号。在段式虚拟存储器中，程序中的逻辑地址由基号、段号和段内地址三部分组成。

虚拟存储器中允许一个段映象到主存中的任何位置。为了寻找段的位置，系统中通常有一个段表指明各段在主存中的位置。段表驻留在内存中，可根据虚拟地址找到。段表包括段基址、装入位和段长等。段号是查找段表项的序号，段基址是指该段在主存中的起始位置，装入位表示该段是否已装入主存，段长是该段的长度，用于检查访问地址是否越界。段表还可包括访问方式字段，如只读、可写和只能执行等，以提供段的访问方式保护。在处理和运行这样的程序时，把段作为基本信息单位，实现在主存—辅存之间传送和定位是合理的。为此，必须把主存按段进行分配与管理，这种管理方式被称为段式存储管理。

4.9.3.2 地址映象变换

段式存储管理的核心问题是变逻辑地址中的逻辑页号为主存中的一个存储区域的起始地址，这是通过在系统中设置一个段表完成的。段表也是一个特定的段，通常被保存在主存中。为访问段表，段表在主存中的起始地址被写入到一个被称为段表基地址寄存器的专用的寄存器中。从表中查出段表的起始地址，然后用段号从段表中查找该段在内存中的起始地址，同时判断该段是否装入内存。如果该段已装入内存，则从段表中取出段起始地址，与段内地址相加构成被访问数据的物理地址。段表本身也存放在一个段中，一般常驻主存。因为段的长度是可变的，所以必须将段长信息存储在段表中，一般段长都有一个上限。分段方法能使大程序分模块编制，独立运行，容易以段为单位实现存储保护和数据共享。如图 4.40 所示。

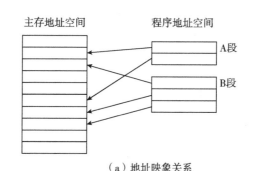

（a）地址映象关系

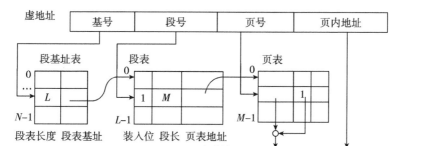

图 4.40 段式存储器管理的地址变换

4.9.3.3 优点

段式管理的优点是用户地址空间分离，段表占用存储器空间数量少，管理简单。缺点是整个段必须一起调入或调出，这样使得段长不能大于内存容量。而建立虚拟存储器的初衷是希望程序地址空间大于内存的容量。为了解决这个问题，人们提出了将段式管理与页式管理相结合的管理方法，这就是段页式虚拟存储器。

4.9.4 段页式存储管理

4.9.4.1 段页式存储管理

段页式虚拟存储器是段式虚拟存储器和页式虚拟存储器的结合。在这种方式中，把程序按逻辑单位分段以后，再把每段分成固定大小的页。程序对主存的调入调出是按页面进行的，但它又可以按段实现共享和保护。因此，它可以兼备页式和段式系统的优点。其缺点是在地址映象过程中需要多次查表。在段页式虚拟存储系统中，每道程序通过一个段表和一组页表来进行定位的。段表中的每个表目对应一个段，每个表目有个指向该段的页表起始地址（页号）及该段的控制保护信息。由页表指明该段各页在主存中的位置以及是否已装入、已修改等状态信息。计算机中一般都采用这种段页式存储管理方式。

4.9.4.2　地址变换

存储系统由虚拟地址向实在存地址的变换至少需要两次表（段表与页表）。段、页表构成表层次。表层次不只段页式有，页表也会有，这是因为整个页表是连续存储的。当一个页表的大小超过一个页面的大小时，页表就可能分成几个页，分存于几个不连续的主存页面中，然后，将这些页表的起始地址又放入一个新页表中，这样，就形成了二级页表层次。一个大的程序可能需要多级页表层次。对于多级表层次，在程序运行时，除了第一级页表需驻留在主存之外，整个页表中只需有一部分是在主存中，大部分可存于外存，需要时再由第一级页表调入，从而可减少每道程序占用的主存空间。如图4.41所示。

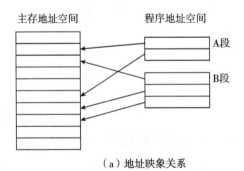

（a）地址映象关系

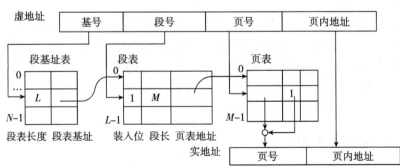

图4.41　段页式地址映象方式

段页式管理在地址变换时需要查两次表，即段表和页表。每个运行的程序通过一个段表和相应的一组页表建立虚拟地址与物理地址映象关系。段表中的每一项对应一个段，其中的装入位表示该段的页表是否已装入主存。若已装入主存，则地址项指出该段的页表在主存中的起始地址，段长项指示该段页表的行数。页表中还包含装入位、主存页号等信息。

本章小结

（1）对存储器的要求是容量大、速度快、成本低。为了解决这三方面的矛盾，计算机采用多级存储体系结构，即 Cache、主存和外存。CPU 能直接访问内存（Cache、主存），但不能直接访问外存。存储器的技术指标有存储容量、存取时间、存储周期、存储器带宽。

（2）广泛使用的 SRAM 和 DRAM 都是半导体随机读写存储器，前者速度比后者快，但集成度不如后者高。二者的优点是体积小，可靠性高，价格低廉，缺点是断电后不能保存信息。

（3）只读存储器和闪速存储器正好弥补了 SRAM 和 DRAM 的缺点，即使断电也仍然保存原先写入的数据。特别是闪速存储器能提供高性能、低功耗、高可靠性以及移动性，是一种全新的存储器体系结构。

（4）Cache 是一种高速缓冲存储器，是为了解决 CPU 和主存之间速度不匹配而采用的一项重要的硬件技术，并且发展为多级 Cache 体系，指令 Cache 与数据 Cache 分设体系。要求 Cache 的命中率接近于1。主存与 Cache 的地址映射有全相联、直接、组相联三种方式。其中组相联方式是前二者的折中方案，适度地兼顾了二者的优点又尽量避免其缺点，从灵活性、命中率、硬件投资来说较为理想，因而得到了普遍采用。

习 题

一、选择题

1. 存储器是计算机系统的记忆设备，它主要用来_____。

  A. 存放数据   B. 存放程序   C. 存放数据和程序   D. 存放微程序

2. EPROM 是指_____。

 A. 读写存储器   B. 只读存储器

 C. 可编程的只读存储器   D. 可擦除可编程的只读存储器

3. 一个 256KB 的 DRAM 芯片，其地址线和数据线总和为_____。

 A. 16   B. 18   C. 26   D. 30

4. 某计算机字长 32 位，存储容量是 16MB，若按双字编址，它的寻址范围是

 _____。

 A. $0 \sim 256K^{-1}$ B. $0 \sim 512K^{-1}$ C. $0 - 1M^{-1}$ D. $0 \sim 2M^{-1}$

二、填空题

1. 存储器中用_____来区分不同的存储单元。

2. 半导体存储器分为_____、_____、只读存储器（ROM）和相联存储器等。

3. 计算机的主存容量与_____有关。

4. 内存储器容量为 6K 时，若首地址为 00000H，那么末地址的十六进制表示是

 _____。

5. 主存储器一般采用_____存储器件，它与外存比较存取速度_____、成本_____。

三、简答题

1. ROM 与 RAM 两者的差别是什么？

2. 设有一个 1MB 容量的存储器，字长为 32 位，问：

 （1）按字节编址，地址寄存器、数据寄存器各为几位？编址范围为多大？

 （2）按半字编址，地址寄存器、数据寄存器各为几位？编址范围为多大？

 （3）按字编址，地址寄存器、数据寄存器各为几位？编址范围为多大？

3. 某主存容量为 256KB，用 256K×1 位/每片 RAM 组成，应使用多少片？采用什么扩展方式？应分成几组？每组几片？

4. 一台计算机的主存容量为 1MB，字长为 32 位，Cache 的容量为 512 字节。确定下列情况下的地址格式。

 （1）直接映象的 Cache，块长为 1 字节

 （2）直接映象的 Cache，块长为 4 字节

 （3）组相联映象的 Cache，块长为 1 字节，组内 8 块

5. 一个组相联映象 Cache 由 64 个存储块构成，每组包含 4 个存储块。主存包含 4096 个存储块，每块由 128 字组成。访存地址为字地址。

 （1）求一个主存地址有多少位？一个 Cache 地址有多少位？

 （2）计算主存地址格式中，区号、组号、块号和块内地址字段的位数。

6. CPU 的存储器系统由一片 6264 （8K×8 SRAM）和一片 2764 （8K×8 EPROM）组成。6264 的地址范围是 8000H ~ 9FFFH、2764 的地址范围是 0000H ~ 1FFFH。画出用 74LS138 译码器的全译码法存储器系统电路（CPU 的地址宽度为 16）。

四、分析设计题

用 16K×16 位的 DRAM 芯片构成 64K×32 位存储器。试问：

（1）数据寄存器多少位？

（2）地址寄存器多少位？

（3）共需多少片 DRAM？

（4）画出此存储器组成框图。

第5章 指令系统

学习目标

了解：指令系统的发展历史。

指令系统的格式和理论知识。

掌握：掌握指令系统的定义、分类和功能。

指令系统的组成和寻址方式。

理解：指令系统的结构。

知识结构

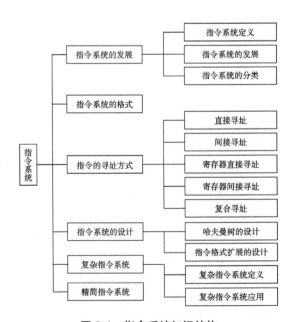

图5.1 指令系统知识结构

5.1 指令系统的发展

指令系统是指一台计算机所能执行的全部指令的集合，它描述了计算机内全部的控制信息和"逻辑判断"能力。不同计算机的指令系统包含的指令种类和数目也不同。一般均包含算术运算型、逻辑运算型、数据传送型、判定和控制型、输入和输出型等指令。指令系统是表征一台计算机性能的重要因素，它的格式与功能不仅直接影响到机器的硬件结构，而且直接影响到系统软件，也影响到机器的适用范围。

5.1.1 指令系统的发展

20 世纪 50 年代到 60 年代早期，由于计算机采用分立元件（电子管或晶体管），其体积庞大，价格昂贵。因此，大多数计算机的硬件结构比较简单，所支持的指令系统一般只有定点加减、逻辑运算、数据传送和转移等十几至几十条最基本的指令，而且寻址方式简单。

20 世纪 60 年代中期到 60 年代后期，随着集成电路的出现，计算机的价格不断下降，硬件功能不断增强，指令系统也越来越丰富。增加了乘除运算、浮点运算、十进制运算、字符串处理等指令，指令数目多达一二百条，寻址方式也趋多样化。60 年代后期开始出现系列计算机（指基本指令系统相同、基本体系结构相同的一系列计算机）一个系列往往有多种型号，它们在结构和性能上有所差异。同一系列的各机种有共同的指令级，新推出的机种指令系统一定包含所有旧机种的全部指令，旧机种上运行的各种软件可以不加任何修改便可在新机种上运行，大大减少了软件开发费用。

20 世纪 70 年代末期，大多数计算机的指令系统多达几百条。我们称这些计算机为复杂指令系统计算机（CISC）。但是如此庞大的指令系统难以保证正确性，不易调试维护，造成硬件资源浪费。为此人们又提出了便于 VLSI 技术实现的精简指令系统计算机（RISC）。

20 世纪 90 年代初，IEEE 的 Michael Slater 对于 RISC 的定义做了如下描述：RISC 处理器所设计的指令系统应使流水线处理能高效率执行，并使优化编译器能生成优化代码。

计算机发展至今，其硬件结构随着超大规模集成电路（VLSI）技术的飞速发展而越来越复杂化。所支持的指令系统也趋于多用途、强功能化。指令系统的改进是围绕着缩小指令与高级语言的语义差异以及有利于操作系统的优化而进行的。从计算机组成的层次结构来说，计算机的指令有微指令、机器指令和宏指令之分。

微指令：微程序级的命令，它属于硬件。

宏指令：由若干条机器指令组成的软件指令，它属于软件。

机器指令（指令）：介于微指令与宏指令之间，每条指令可完成一个独立的算术运算或逻辑运算。（存储器分辨率：指存储器能被区分、识别与操作的精细程度）

5.1.2　指令系统的性能与要求

指令系统是指一台计算机中所有机器指令的集合，它是表征一台计算机性能的重要因素，其格式与功能不仅直接影响到机器的硬件结构，也直接影响到系统软件，影响到机器的适用范围。指令系统决定了计算机的基本功能，指令系统的设计是计算机系统设计的一个核心问题。它不仅与计算机的硬件设计紧密相关，而且直接影响到系统软件设计的难易程度。完善的计算机的指令系统应具备：

5.1.2.1　完备性
一台计算机中最基本的、必不可少的指令构成了指令系统的完备性。

5.1.2.2　有效性
指利用该指令系统所提供的指令编制的程序能够产生高效率。高效率主要表现在空间和时间方面，即占用存储空间小、执行速度快。

5.1.2.3　规整性
指令操作的对称性和匀齐性，指令格式与数据格式的一致性。

（1）对称性：在指令系统中，所有寄存器和存储单元都可同等对待，这对简化程序设计，提高程序的可读性非常有用。

（2）匀齐性：是指一种操作性质的指令可以支持各种数据类型。

（3）指令的格式与数据格式的一致性：指令长度与数据长度有一定关系，以方便存取和处理。

5.1.2.4　兼容性
兼容性一般是指计算机的体系结构设计基本相同，机器之间具有相同的基本结构、数据表示和共同的基本指令集合。

计算机的指令格式与机器的字长、存储器的容量及指令的功能密切相关。

5.2 指令格式

计算机的指令格式与机器的字长、存储器的存量及指令的功能都有很大的关系。从便于程序设计、增加基本操作的并行性、提高指令功能的角度来看，指令中所包含的信息以多为宜，但在有些指令中，其中一部分信息可能无用，这将浪费指令所占的存储空间，从而增加了访存次数，也许反而会影响速度。因此，如何合理、科学地设计指令格式，使指令既能给出足够的信息，其长度又尽可能地与机器的字长相匹配，以使节省存储空间，缩短取指时间，提高机器的性能仍然是指令格式设计中的一个重要问题。

5.2.1 指令格式

计算机是通过执行指令来处理各种数据的。为了指出数据的来源、操作结果的去向及所执行的操作，一条指令必须包含下列信息：

图 5.2　指令格式

5.2.1.1 指令操作码及作用

操作码是指明指令操作性质的命令码。它提供指令的操作控制信息。一台计算机可能有几十条至几百条指令，每一条指令都有一个相应的操作码，计算机通过识别该操作码来完成不同操作。

（1）每条指令都要求它的操作码必须是独一无二的位组合。

（2）指令系统中指令的个数 N 与操作码的位数 n，必须满足关系式：

$$N \leqslant 2n$$

5.2.1.2 操作数地址码

（1）地址码：用来描述该指令的操作对象。CPU 通过该地址就可以取得所需的操作数。

（2）指令字长 = 操作码的位数 + （操作数地址个数）×（操作数地址码位数）。

（3）操作结果的存储地址：把对操作数的处理所产生的结果保存在该地址中，以便再次使用。

（4）下一条指令的地址：当程序顺序执行时，下条指令的地址由程序计数器（PC）指出，仅当改变程序的运行顺序（如转移、调用子程序）时，下条指令的地址才由指令给出。

从上述分析可知，一条指令实际上包括两种信息即操作码和地址码。操作码（Operation Code）用来表示该指令所要完成的操作（如加、减、乘、除、数据传送等）。其长度取决于指令系统中的指令条数；地址码用来描述该指令的操作对象，或者直接给出操作数或者指出操作数的存储器地址或寄存器地址（即寄存器名）。

典型的指令格式：

操作码 OP——指明操作性质的命令码，提供指令的操作控制信息。

操作对象 A——说明操作数存放的地址，有时则就是操作数本身。

5.2.1.3　指令格式分类

（1）零地址指令格式。这是一种没有操作数地址部分的指令格式。例如，NOP、HLT，也叫无操作数指令。

操作码 OC

图5.3　零地址指令格式

这种指令有两种可能：

①无须任何操作数。如空操作指令，停机指令等。

②所需的操作数是默认的：堆栈。

（2）一地址指令格式。例如：递增，移位，取反，INC　AX，NOT　BX。

操作码 OC	AC1

图5.4　一地址指令格式

①指令中给出的一个地址即是操作数的地址，又是操作结果的存储地址。如加1、减1和移位等单操作数指令。

②在某些计算机中，指令中提供的一个地址提供一个操作数，另一个操作数是由机内硬件寄存器"隐含"地自动提供的。所谓"隐含"是指此操作数在指令中不出现，而是按照事先约定由寄存器默认提供，运算结果仍送到寄存器中。因为这个寄存器在连续运算时，保存着多条指令连续操作的累计结果，故称为累加器（AC）。

在某些字长较短的微型机中（如早期的 Z80、Inte18080，MC6800 等），大多数算术逻辑运算指令也采取这种格式，第一个源操作数由地址码 A 给出，第二个源操作数在一个默认的寄存器中。运算结果仍送回到这个寄存器中，替换了原寄存器内容，通常把这个寄存器称为累加器。

（3）二地址指令格式。

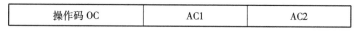

操作码 OC	AC1	AC2

图5.5　二地址指令格式

①把保存操作前原来操作数的地址称为源点地址（SS），把保存指令执行结果的地址称为终点地址或目的地址（DD）。

②将源点与终点操作数进行操作码规定的操作后，将结果存入终点地址。通常二地址指令又称为双操作数指令。

例如，双操作数加法指令：

ADD（R_0），R_1 表示将 R_0 寄存器的内容和 R_1 寄存器的内容相加以后，将结果存入 R_1 寄存器中。

又如 ADD（R_0），R_1 表示将 R_0 寄存器的内容作为地址，到内存中取出该地址所指向的单元内容作为源点操作数，并作为终点操作数的 R_1 寄存器的内容相加以后，将结果存入 R_1 寄存器中。

（4）三地址指令格式：其操作是对 AC1、AC2 指出的两个操作数进行操作码所规定的操作，并将结果存入 AC3 中。例如：

ADD　X　Y　Z　含义为：

（X）＋（Y）→Z　即 X 单元内容加上 Y 单元内容，结果送 Z 单元中。

操作码 OC	AC1	AC2	AC3

图5.6　三地址指令格式

（5）多地址指令格式：

例如，四地址指令格式。

①含义：ADD　X　Y　Z　W

A、（X）＋（Y）→Z

B、（W）→下一条指令地址

②特点：直观明了；程序执行的流向明确；操作数和结果可以分散在内存各处，但是指令字长度太长。

5.2.1.4　指令格式设计准则

（1）指令字长要短，以得到时间和空间上的优势。

（2）指令字长必须有足够的长度。

（3）指令字长一般应是机器字符长度的整数倍以便存储系统的管理。若机器中字符码长是 L 位，则机器字长最好是 L，2L，4L，8L 等。

（4）指令格式的设计还与如何选定指令中操作数地址的位数有关。例如，对同一容量（如 64KB）的存储器，则：

①若取存储单元为一字节长，则需要 16 位地址码，

②若存储单元长度为 32 位，则只需 14 位地址码。

以上所述的几种指令格式只是一般情况，并非所有的计算机都具有。零地址、一地址和二地址指令具有指令短、执行速度快、硬件实现简单等特点，多为结构较简单，字长较短的小型、微型机所采用；而二地址、三地址和多地址指令具有功能强，便于编程等特点，多为字长较长的大、中型机所采用。但也不能一概而论，因为还与指令本身的功能有关，如停机指令不需要地址，不管是什么类型计算机，都是这样的指令格式。

5.2.2　指令操作码的扩展技术

指令操作码的长度决定了指令系统中完成不同操作的总指令条数。若某机器的操作码长度为 K 位，则它最多只能有 2^k 条不同的指令。指令操作码通常有两种编码格式，一种是固定格式，即操作码长度固定且集中存放在指令字的一个字段中。这种格式对于简化硬件设计，缩短指令译码时间很有效，在字长较长的大、中型机和超级小型机以及 RISC 上广泛采用；另一种是可变格式的操作码，即操作码长度可变，且分散地存放在指令字的不同字段中。这种格式能有效地压缩程序中操作码的平均长度，在字长较短的微型机上广泛采用。

操作码长度的不固定将增加指令译码和指令分析的难度，使控制器的硬件设计复杂化，因此对操作码的编码至关重要。一般是在指令字中用一个固定长度的字段来表示基本操作码，而对于一部分不需要某个地址码的指令，把它们的操作码扩充到该地址字段，这样既能充分地利用指令字的各个字段，又能在不增加指令长度的情况下扩展操作码的长度，使其能够表示更多的指令。例如，设某机器的指令长度为 16 位，包括 4 位基本操作码字段和三个 4 位地址字段，其格式如图 5.7 所示。4 位基本操作码有 16 种组合，若全部用于表示三地址指令，则只有16 条。但是，若三地址指令仅需 15 条，两地址指令需 15 条，一地址指令需 15条，零地址指令需 16 条，共 61 条指令，应如何安排操作码？显然，只有 4 位基本操作码是不够的，必须将操作码的长度向地址码字段扩展才行。

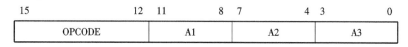

图5.7 指令

案例：假设一台计算机指令字长16位，操作码与地址码都为4位，分析固定格式，则最多可以设计16条三地址指令。

扩展操作码，具体方法如下：

（1）4位OC中用0000－1110定义15条三地址指令，留编码1111作为扩展标志与下一个4位组成一个8位操作码，引出二地址指令，则：

（2）若将AC1全部用作2地址指令的OC，能再定义16条2地址指令；

（3）8位OC中用11110000－11111110定义15条二地址指令，剩下的一个编码11111111与下一个4位组成一个12位的操作码，引出一地址指令；

（4）选11110000－11111101共14条2地址指令，留11111110，11111111为扩展标志，再与AC2组合，依此类推；

（5）若选（4），则可定义31条1地址指令，留一个编码111111111111为扩展标志，与下一个4位组成16位操作码，引出16条零地址指令。

扩展操作码的另一个变化是用操作码中的某一位或某几位来说明指令的格式与长度，或是说明操作数的特征。由此可见，操作码扩展技术是一项重要的指令优化技术，它可以缩短指令的平均长度，减少程序的总值数以及增加指令字所能表示的操作信息。当然，扩展操作码比固定操作码译码复杂，使控制器的设计难度增大，且需更多的硬件的支持。

5.2.3　指令长度与字长的关系

指令的长度主要取决于操作码的长度、操作数地址的长度和操作数地址的个数。由于操作码的长度、操作数地址的长度及指令格式不同，各指令的长度不是固定的，但也不是任意的。为了充分地利用存储空间，指令的长度通常为字节的整数倍。如Intel8086的指令的长度为8，16，24，32，40和48位六种。

指令的长度与机器的字长没有固定的关系，它既可以小于或等于机器的字长，也可以大于机器的字长。前者称为短格式指令，后者称为长格式指令，一条指令存放在地址连续的存储单元中。在同一台计算机中可能既有短格式指令又有长格式指令，但通常是把最常用的指令（如算术逻辑运算指令、数据传送指令）设计成短格式指令，以便节省存储空间和提高指令的执行速度。

字长是指计算机能直接处理的二进制数据的位数，它与计算机的功能和用途有很大的关系，是计算机的一个重要技术指标。首先，字长决定了计算机的运算精度，字长越长计算机的运算精度越高。高性能的计算机字长较长，而性能较差的计算机字长相对要短一些。其次，地址码长度决定了指令直接寻址能力，若地址码长度为 n 位，则给出的 n 位直接地址寻址为 2 字节。这对于字长较短（8 位或 16 位）的微型计算机来说，远远满足不了实际需要。扩大寻址能力的方法，一是通过增加机器字长来增加地址码的长度；二是采用地址码扩展技术，把存储空间分成若干段，用基地址加位移量的方法来增加地址码的长度。为了便于处理字符数据和尽可能地充分利用存储空间，一般机器的字长都是字节长度（即 8 位）的 1、2、4 或 8 倍，也就是 8、16、32 或 64 位。

在可变长度的指令系统的设计中，到底使用何种扩展方法有一个重要的原则，就是使用频度（即指令在程序中的出现概率）高的指令应分配短的操作码；使用频度低的指令相应地分配较长的操作码。这样不仅可以有效地缩短操作码在程序中的平均长度，节省存储器空间，而且缩短了经常使用的指令的译码时间，因而可以提高程序的运行速度。

5.3 指令的类型

5.3.1 指令的分类及功能

计算机的指令系统通常有几十条至几百条指令，根据所完成的功能可分为：算术逻辑运算指令、移位操作指令、字符串处理指令、十进制运算指令、向量运算指令、数据传送类指令、转移指令、堆栈操作指令、输入输出指令等。指令的访存类型分为：堆栈型、累加器型、通用寄存器型、寄存器 – 寄存器型，寄存器 – 存储器型，存储器 – 存储器型。比较如表 5.1 所示。

表 5.1　在不同结构中完成 $z = x + y$ 操作的代码序列

堆栈结构	累加器结构	寄存器/存储器结构	存 – 存型结构	存取型结构
PUSH A　3	LOAD A　3	LOAD R1, A　4	SUB C, A, B　7	LOAD R1, A　4
PUSH B　3	SUB B　3	SUB R1, B　4		LOAD R2, B　4
SUB　1	STORE C　3	STORE C, R1　4		SUB R3, R1, R2　3
POP C　3				STORE C, R3　4
10	9	12	7	15
12	12	12	12	12

下面说明指令的功能分类。

5.3.1.1 算术运算和逻辑运算指令

一般计算机都具有这类指令。早期的低端微型机，要求价格便宜，硬件结构比较简单，支持的算术运算指令就较少，一般只支持二进制加、减法、比较和求补码（取负数）等最基本的指令；而其他计算机，由于要兼顾性能和价格两方面因素，还设置乘、除法运算指令。这里讲的算术运算一般指的是定点数运算，即相当于高级语言中对整数（Integer）的处理。通常根据算术运算的结果置状态位，一般有 Z（结果为 0）、N（结果为负）、V（结果溢出）、C（产生进位或借位）四个状态位。

通常计算机只有对两个数进行与、或、非（求反）、异或（按位加）等操作的逻辑运算指令。有些计算机还设置有位操作指令，如位测试（测试指定位的值）、位清除（把指定位清零）、位求反（取某位的反值）指令等。常见的算术运算指令（8086/8088 为例）：

加法和减法指令 ADD/SUB。

（1）不带进位/借位的加、减法指令

（2）带进位/借位的加减法指令 ADC/SBB

加 1/减 1 指令 INC/DEC；交换加法指令 XADD；变补指令 NEG；比较指令 CMP；比较交换指令 CMPXCHG

乘法和除法指令 MUL/DIY。

（1）无符号数的乘/除法指令。

①MUL 指令产生的结果是乘数（OP）的双倍长度，因此对无符号数而言不会产生溢出/进位问题。但是，当乘积的有效数字超过一倍长度时，将使标志位 OF 置；否则 OF 值 0。

②当 DIV 指令的被除数不是除数的双倍长度时，则应将其扩展成双倍长度。

③当除数为零或商超过了允许的数值范围（超过保存商的累加器的容量），将会出现溢出，产生一个 0 型中断，CPU 会进入错误处理程序。

（2）有符号数的乘/除法指令 IMUL/IDIV。

逻辑运算指令：

逻辑与指令　　　　格式：AND　　OP1，OP2

逻辑或指令　　　　格式：OR　　　OP1，OP1

逻辑非指令　　　　格式：NOT　　OP1

逻辑异或指令　　　格式：XOR　　OP1，OP2

测试指令　　　　　格式：TEST　　OP1，OP2

5.3.1.2 移位操作数

移位操作指令分为算术移位、逻辑移位和循环移位三种，可以将操作数左移或右移若干位，如图 5.8 所示。算术移位与逻辑移位很类似，但由于操作对象不同而移位操作有所不同。它们的主要差别在于右移时，填入最高位的数据不同。算术右移保持最高位（符号位）不变，而逻辑右移最高位补零。循环移位按是否与"进位"位 C 一起循环，还分为小循环（即自身循环）和大循环（即和进位位 C 一起循环）两种。它们一般用于实现循环式控制、高低字节互换或与算术、逻辑移位指令一起实现双倍字长或多倍字长的移位。

算术逻辑移位指令还有一个很重要的作用，就是用于实现简单的乘除运算。算术左移或右移 n 位，分别实现对带符号数据乘以 2^n 或整除以 2^n 的运算；同样，逻辑左移或右移 n 位，分别实现对无符号数据乘以 2^n 或整除以 2^n 的运算。移位指令的这个性质，对于无乘除运算指令的计算机特别重要。移位指令的执行时间比乘除运算的执行时间短。因此采用移位指令来实现上述乘法、除法运算可取得较高的速度。

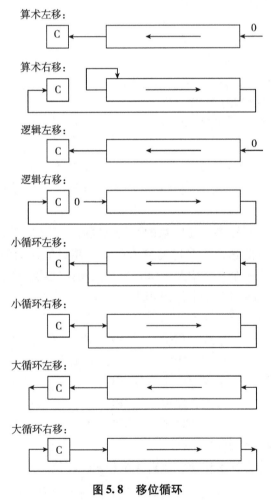

图 5.8 移位循环

5.3.1.3   字符串处理指令

早期的计算机主要用于科学计算和工业控制，指令系统的设置侧重于数值运算，只有少数大型计算机才设有非数值处理指令。随着计算机的不断发展，应用领域不断扩大，计算机更多地应用于信息管理、数据处理、办公室自动化等领域，这就需要有很强的非数值处理能力。因此，现代计算机越来越重视非数值指令的设置，例如，Intel8086 微处理器都配置了这种指令，使它能够直接用硬件支持非数值处理。

字符串处理指令就是一种非数值处理指令，一般包括字符串传送、字符串比较、字符串查询、字符串转换等指令。其中"字符串传送"指的是数据块从主存储器的某区传送到另一区域；"字符串比较"是一个字符串与另一个字符串逐个进行比较，以确定其是否相等；"字符串查询"是查找在字符串中是否含有某一指定的字符；"字符串转换"指的是从一种数据表达形式转换成另一种表达形式。

字符串传送指令：MOVSB/MOVSW/MOVSD/MOVS   OP1，OP2

字符串比较指令：CMPS OP1，OP2/CMPSB/CMPSW/CMPSD

字符串扫描指令：SCAS OP（目的串）/SCASB/SCASW/SCASD

字符串装入指令：LODS OP（源本）/LODSB/LODSW/LODSW

字符串存储指令：STOS OP（目的串）/STOSB/STOSW/STOSD

字符串输入指令：INS OP（目的串），DX/INSB/INSW/INSD

字符串输出指令：OUTS DX，OP（源串）OUTSB/OUTSW/OUTSD

字符串重复前缀：REP/REPZ/REPE/REPNE/REPNZ

5.3.1.4   十进制运算指令

虽然计算机输入输出的数据很多，但对数据本身的处理却很简单。在某些具有十进制运算指令的计算机中，首先将十进制数据转换成二进制数，再在机器内运算；而后又转换成十进制数据输出。因此，在输入输出数据频繁的计算机系统中设置十进制运算指令能提高数据处理的速度。

BCD 码（十进制数）调整指令。

（1）BCD 码的加法调整指令：DAA/AAA

压缩 BCD 码的调整指令：DAA

非压缩 BCD 的调整指令：AAA

（2）BCD 码的减法调整指令：DAS/AAS

压缩 BCD 码的调整指令：DAS

非压缩 BCD 的调整指令：AAS

（3）BCD 码的乘法调整指令：AAM

（4）BCD 码除法调整指令：AAD

符号扩展指令：CBW/CWD/CWDE/CDQ。

（1）CBW：将 AL 的符号位扩展到 AH 的所有位，由字节数扩展成字。

（2）CWD：将 AX 的符号位扩展到 DX 的所有位，由字扩展成双字。

（3）CWDE：将 AX 的符号位扩展到 EAX 的高 16 位，由字扩展成双字。

（4）CDQ：将 EAX 的符号位扩展到 EDX 的所有位，由双字扩展成四字。

5.3.1.5 数据传送指令

这类指令用以实现寄存器与寄存器，寄存器与存储器单元，存储器单元与存储器单元之间的数据传送。对于存储器来讲，数据传送包括了对数据的读（相当于取数指令）或写（相当于存数指令）操作。数据传送时，数据从源地址传送到目的地址，而源地址中的数据保持不变，因此实际上是数据复制。

数据传送指令一次可以传送一个数据或一批数据，如 Intel8086 的 MOVS 指令，一次传送一个字或字节，而当加上重复执行前缀（REP）后，一次可以把多达 64KB 的数据块从存储器的一个区域传送到另一个区域。

有些机器设置了数据交换指令，完成源操作数与目的操作数互换，实现双向数据传送。

MOV 指令。

MOV   OPRD1，OPRD2

MOV 是操作码，OPRD1 和 OPRD2 分别是目的操作数和源操作数。该指令可把一个字节或一个字操作数从源地址传送到目的地址。

源操作数可以是累加器、寄存器、存储器以及立即操作数，而目的操作数可以是累加器、寄存器和存储器。数据传送方向的示意图如图 5.9 所示。

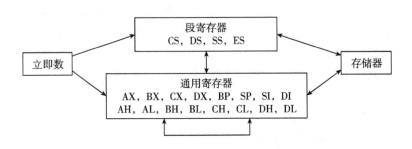

图 5.9 MOV 的数据传送方向

各种数据传送指令举例如下：

①在 CPU 各内部寄存器之间传送数据。

MOVAL，BL；8 位数据传送指令（1 个字节）

MOVAX，DX；16 位数据传送指令（1 个字）

MOVSI，BP；16 位数据传送指令（1 个字）

②立即数传送至 CPU 的通用寄存器（即 AX、BX、CX、DX、BP、SP、SI、DI）。

MOVCL，4；8 位数据传送（1 个字节）

MOVAX，03FFH；16 位数据传送（1 个字）

③CPU 内部寄存器（除了 CS 和 IP 以外）与存储器（所有寻址方式）之间的数据传送，可以传送一个字节也可以传送一个字。

在 CPU 的通用寄存器与存储器之间传送数据：

MOVAL，BUFFER

MOV［DI］，CX

在 CPU 寄存器与存储器之间传送数据：

MOVDS，DATA［SI + BX］

MOVDEST［BP + D1］，ES

使用中需要注意的是：

①MOV 指令不能在两个存储器单元之间进行数据直接传送。

②MOV 指令不能在两个段寄存器之间进行数据直接传送。

③立即数不能直接传送给段寄存器。

④目的操作数不能为 CS、IP。

其中，①～③的传送可用通用寄存器作为中介，用两条传送指令完成。

例如，为了将在同一个段内的偏移地址为 AREA1 的数据传送到偏移地址为 AREA2 单元中去、可执行以下两条传送指令：

MOVAL，AREA1

MOVAREA2，AL

例如，为了将立即数传送给 DS，可执行以下两条传送指令：

MOVAX，1000H

MOVDS，AX

5.3.1.6　转移类指令

这类指令用以控制程序流的转移，在大多数情况下，计算机是按顺序方式执行程序的，但是也经常会遇到离开原来的顺序转移到另一段程序或循环执行某段程序的情况。

按转移指令的性质，转移指令分为无条件转移、条件转移、过程调用与返回、陷阱（Trap）等几种。

（1）无条件转移与条件转移：无条件转移指令不受任何条件约束，直接把程序转移到指令所规定的目的地，在那里继续执行程序，在本书中以 Jump 表示无条件转移指令。条件转移指令则根据计算机处理结果来决定程序如何执行。它先测试根据处理结果设置的条件码，然后根据所测试的条件是否满足来决定是否转移，本书中用 Branch 表示条件转移指令。条件码的建立与转移的判断可以在一条指令中完成，也可以由两条指令完成。前者通常在转移指令中先完成比较运算，然后根据比较的结果来判断转移的条件是公成立，如条件为"真"则转移，如条件为。"假"则顺序执行下一条指令。在第二种情况中，由转移指令前面的指令来建立条件码，转移指令根据条件码来判断是否转移，通常用算术指令建立的条件码 N、Z、V、L 来控制程序的执行方向，实现程序的分支。

有的计算机还设置有奇偶标志位 P。当运算结果有奇数个 1 时，置 $P=1$。

转移指令的转移地址一般采用相对寻址和直接寻址两种寻址方式来确定。若采用相对寻址方式。则称为相对转移，转移地址为当前指令地址（即当前 PC 的值）和指令地址码部分给出的位移量之和，即 PC←（PC）十位移量；若采用直接寻址方式，则称为绝对转移，转移地址由指令地址码部分直接给出，即 PC←目标地址。

无条件转移指令：

JMP　　OP1

循环（控制）指令：

LOOP 短标号　　（E）CX≠0　　（E）CX−1 若满足条件则转移到标号

LOOPE/LOOPZ 短标号　　（E）CX≠0 且 ZF=1　　（E）CX−1 若满足条件则转移到标号

LOOPNZ/LOOPNE 短标号　　（E）CX≠0 且 ZF=0　　（E）CX−1 若满足条件则转移到标号

JCXZ 短标号　　（E）CX=0　　足条件就转移到标号

条件转移指令：

调用子程序和返回指令：

CALL 指令

①段内直接调用　　　　格式：CALL　NEAR　N_ PROC

②段内间接调用　　　　格式：CALL　REG/MEM

③段间直接调用　　　　格式：CALL　F_ PROC

　　　　　　　　　　　　CALL　FAR PTR PROC

④段间间接调用　　　　格式：CALL　MEM

返回指令

RET

RET　n

（2）调用指令与返回指令：在编写程序过程中，常常需要编写一些经常使用的、能够独立完成某一特定功能的程序段，在需要时能随时调用，而不必多次重复编写，以便节省存储器空间和简化程序设计。这种程序段就称为子程序或过程。

除了用户自己编写的子程序以外，为了便于各种程序设计，系统还提供了大量通用子程序。如申请资源、读写文件、控制外部设备等。需要时，也只需直接调用即可，而不必重新编写。通常使用调用（过程调用/系统调用/转子程序）指令来实现从一个程序转移到另一个程序的操作，在本书中用 Call 表示调用指令。Call 指令与 Jump 指令、Branch 指令的主要差别是需要保留返回地址，也就是说当执行完被调用的程序后要回到原调用程序，继续执行 Call 指令的下一条指令。返回地址一般保留于堆栈中，随同保留的还有一些状态寄存器或通用寄存器内容。保留寄存器有两种方法：

①由调用程序保留从调用程序返回后要用到的那部分寄存器内容，其步骤是先由调用程序将寄存器内容保存在堆栈中，当执行完被调用程序后，再从堆栈中取出并恢复寄存器内容。

②由被调用程序保留本程序要用到的那些寄存器内容，也是保存在堆栈中。这两种方法的目的都是为了保证调用程序继续执行时寄存器内容的正确性。

调用（Call）与返回（Return）是一对配合使用的指令，返回指令从堆栈中取出返回地址，继续执行调用指令的下一条指令。

（3）陷阱指令：在计算机运行过程中，有时可能出现电源电压不稳、存储器校验出错、输入输出设备出现故障、用户使用了未定义的指令或特权指令等种种意外情况，使得计算机不能正常工作。这时若不及时采取措施处理这些故障，将影响到整个系统的正常运行。因此，一旦出现故障，计算机就发出陷阱信号，并暂停当前程序的执行（称为中断），转入故障处理程序进行相应的故障处理。

陷阱实际上是一种意外事故中断，它中断的主要目的不是为了请求 CPU 的正常处理，而是通知 CPU 已出现了故障，并根据故障情况，转入相应的故障处理程序。

在一般计算机中，陷阱指令作为隐含指令（即指令系统中不提供的指令，其所完成的功能是隐含的）不提供给用户使用，只有在出现故障时，才由 CPU 自动产生并执行。也有此计算机设置可供用户使用的陷阱指令或"访管"指令，利用它来实现系统调用和程序请求。例如，IBM PC（Intel 8086 的软件中断指令）

实际上就是一种直接提供给用户使用的陷阱指令，用它可以完成系统调用过程。

5.3.1.7 堆栈及堆栈操作指令

堆栈（stack）是由若干个连续存储单元组成的存储区，本着先进后出的顺序，第一个送入堆栈中的数据存放在栈底，最后送入堆栈中的数据存放在栈顶。栈底是固定不变的，而栈顶却是随着数据的压栈和出栈在不断变化。为了表示栈顶的位置，有一个寄存器或存储器单元用于指出栈顶的地址，这个寄存器或存储路单元就称为堆栈指针（Stack Point）。任何堆栈操作只能在栈顶进行。

在堆栈结构的计算机中，堆栈是用来提供操作数和保存运算结果的主要存储区，大多数指令（包括运算指令）通过访问堆栈来获得所需的操作数或把操作结果存入堆栈中。而在一般计算机中，堆栈主要用来暂存中断和子程序调用时现场数据及返回地址，用于访问堆栈的指令只有压栈和出栈两种，它们实际上是一种特殊的数据传送指令。压入指令（PUSH）是把指定的操作数送入堆栈的栈顶，而出栈指令（POP）的操作刚好相反，是把栈顶的数据取出，送到指令所指定的目的地，堆栈从高地址向低地址扩展，即栈底的地址总是大于或等于栈顶的地址（也有少数计算机刚好相反）。当执行压入操作时，首先把堆栈指针（SP）减量（减量的多少取决于压入数据的字节数，若压入一个字节，则减 1；若压入两个字节，则减 2，依此类推），然后把数据送入 SP 所指定的单元；当执行弹出操作时，首先把 SP 所指定的单元（即栈顶）的数据取出，然后根据数据的大小（即所占的字节数）对 SP 增量。

堆栈操作指令中的操作数可以是段寄存器（除 CS）的内容、16 位的通用寄存器（标志寄存器有专门的出栈入栈指令）以及内存的 16 位字。例如：

MOV　AX，8000H

MOV　SS，AX

MOV　SP，2000H

MOV　DX，3E4AH

PUSH　DX

PUSH　AX

当执行完两条压入堆栈的指令时，堆栈中的内容如图 5.10 所示。压入堆栈指令 PUSHDX 的执行。

过程为：

①SP－1→SP；

②DH→（SP）；

③SP－1→SP；

④DL→（SP）。

弹出堆栈指令 POPAX 的过程与此刚好相反：

① （SP）→AL；

②SP + 1→SP；

③ （SP）→AH；

④SP + 1→SP。

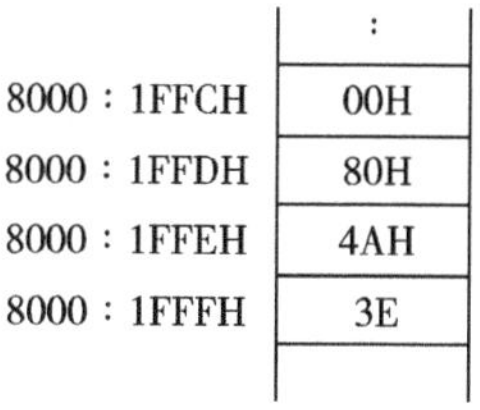

	:
8000：1FFCH	00H
8000：1FFDH	80H
8000：1FFEH	4AH
8000：1FFFH	3E

图 5.10　堆栈操作

5.3.1.8　输入输出（I/O）指令

计算机所处理的一切原始数据和所执行的程序（除了固化在 ROM 中的以外）均来自外部设备的输入，处理结果需通过外部设备输出。

有些计算机采用外部设备与存储器统一编址的方法把外部设备寄存器看成是存储器的某些单元，任何访问存储器的指令均可访问外部设备，因此不再专设 I/O指令。

5.4　指令和数据的寻址方式

5.4.1　计算机指令的寻址方式

在程序执行过程中，操作数可能在运算部件的某个寄存器中或存储器中，也可能就在指令中。组成程序的指令代码，一般是在存储器中的。所谓寻址方式指的是确定本条指令的数据地址及下一条要执行的指令地址的方法，它与计算机硬件结构紧密相关，而且对指令格式和功能有很大影响。从程序员角度来看，寻址方式与汇编程序设计的关系极为密切；与高级语言的编译程序设计也同样密切。不同的计算机有不同的寻址方式，但其基本原理是相同的。有的计算机寻址种类较少，因此在指令的操作码中表示出寻址方式；而有的计算机采用多种寻址方式，此时在指令中专设一个字段表示一个操作数的来源或去向。在这里仅介绍几种被广泛采用的基本寻址方式。在一些计算机中，某些寻址方式还可以组合使用，从而形成更复杂的寻址方式。

5.4.1.1　立即寻址方式

操作数以常数的形式直接存放在指令中，紧跟操作码之后，它作为指令的一部分存放在指令操作码之后的存储单元中，这种操作数称为立即数。立即数只能是源操作数（SRC），可以是 8 位或 16 位常数。优点是提供操作数最快，缺点是精度较低，可采用变字长格式解决。立即寻址如图 5.11 所示。

例：MOV　AX，1234H；指令执行后，（AX）＝1234H

例：MOV　AL，5H；指令执行后，（AL）＝05H

图 5.11　立即寻址

5.4.1.2　直接寻址方式

地址字段直接指明操作数在存储器内的位置的寻址方法，即形式地址等于有效地址。当有多个地址时，情况类似，不再重复，该指令的寻址方式由操作码表示。直接寻址方式中指令字长限制了一条指令所能够访问的最大主存空间，可以使用可变字长指令格式来解决此局限性。利用扩大了的操作数地址码就能全部访问主存储器的所有的存储单元。直接寻址见图 5.12 所示。

例如：在 IBM‑PC 指令系统中　MOV　AX，［3000H］

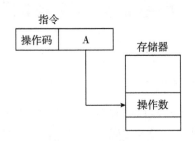

图 5.12　直接寻址

5.4.1.3　间接寻址方式

在寻址时，指令的地址码所给出的内容既不是操作数，也不是下条要执行的指令，而是操作数的地址或指令的地址，这种方式称为间接寻址。根据地址码指定的是寄存器地址还是存储器地址，间接寻址又可分为寄存器间接寻址和存储器间接寻址两种方式。对于间接寻址来说，需要两次访问存储器才能取得数据，第一次从存储器读出操作数地址，第二次读出操作数。这对编程带来较大的灵活性。灵活性表现在：当操作数地址改变时，只需修改间接地址指示器的单元内容，而不必修改指令，原指令的功能照样实现。这给程序编制带来很大方便。但是多次访问内存，增加了指令的执行时间；占用主存储器单元多。存储器间接寻址、存储器直接寻址如图 5.13 和图 5.14 所示。

例如：在 IBM – PC 指令系统中　MOV　AX，[BX]

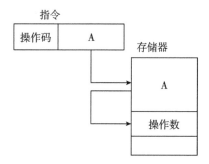

图 5.13　存储器间接寻址

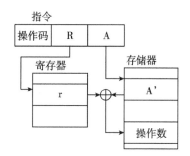

图 5.14　存储器直接寻址

5.4.1.4　基址寻址方式

基址寄存器主要用于为程序或数据分配存储区，对浮动程序很有用，实现从浮动程序的逻辑地址到存储器的物理地址的转换。有效地址（EA）= A + X。其中，X 是基址 R，A 是偏移量。基址寻址方式主要用以解决程序在存储器中的定位和扩大寻址空间等问题。与变址寻址的区别是基址寄存器，用户程序无权操作和修改，由系统软件管理控制程序使用特权指令来管理的。

在计算机中设置一个专用的基址寄存器，或由指令指定一个通用寄存器为基址寄存器。操作数的地址由基址寄存器的内容和指令的地址码 A 相加得到，如图 5.13 所示。在这种情况下，地址码 A 通常被称为位移量（Disp），也可用其他方法获得位移量。

当存储器的容量较大，由指令的地址码部分直接给出的地址不能直接访问到存储器的所有单元时，通常把整个存储空间分成若干个段，段的首地址存放于基址寄存器中，位移量由指令提供。存储器的物理地址由基址寄存器的内容与段内位移量的内容之和组成，这样可以实现修改基址寄存器的内容就可以访问存储器的任一单元。

综上所述，基址寻址主要解决程序在存储器中的定位和扩大寻址空间等问题。通常基址寄存器中的值只能由系统程序设定，由特权指令执行，而不能被一般用户指令所修改，因此确保了系统的安全性。

5.4.1.5　变址寻址方式

变址寻址的过程如图 5.15 所示，把指令字中的形式地址 A 与地址修改量 X 自动相加，X 可正可负，形成操作数的有效地址 EA。即：EA = A + X。其中，与形式地址相加的数 X 是一个地址修改量，称为"变址值"，保存变址值的设备称为变址器。当计算机中还有基址寄存器时，那么在计算有效地址时还要加上基址寄存器内容。在 IBM – PC 指令系统中，MOV

AX，COUNT［SI］

某些计算机的指令系统（如 Intel8086 等）的变址寄存器有自动增量和自动减量功能，每存取一个数据，根据数据长度（即所占的字节数）自动增量或自动减量，以便指向下一单元，为存取下一数据作准备。

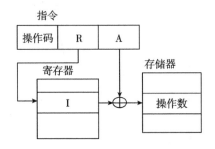

图 5.15　变址寻址

5.4.1.6　相对寻址方式

把程序计数器 PC 的内容（即当前执行指令的地址）与指令的地址码部分给出的位移量（Disp）之和作为操作数的地址或转移地址，称为相对寻址。相对寻址主要用于转移指令，执行本条指令后。将转移到（PC）+ Disp，（PC）为程序计数器的内容。如图 5.16 所示。相对寻址有两个特点：

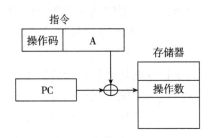

图 5.16　相对寻址

（1）转移地址不是固定的，它随着 PC 值的变化而变化，并且总是与 PC 相差一个固定值 Disp，因此无论程序装入存储器的任何地方，均能正确运行，对浮动的程序很适用。

（2）位移量可为正、为负，通常用补码表示。如果位移量为 n 位，则这种方式的寻址范围在（PC）$-2^{(n-1)}$ 到（PC）$+2^{(n-1)}-1$ 之间。

当前计算机的程序和数据一般是分开存放的，程序区在程序执行过程中不允许被修改。在程序与数据分区存放的情况下，不用相对寻址方式来确定操作数地址。

所需的操作数由指令的地址码部分直接给出，就称为立即数（或直接数）寻址方式。这种方式的特点是取指令时，操作码和一个操作数同时被取出，不需要再次访问存储器，提高了指令的执行速度。但是由于这一操作数是指令的一部分，不能修改，而一般情况下，指令所处理的数据都是在不断变化的（如上条指令的执行结果作为下条指令的操作数），故这种方式只能适用于操作数固定的情况。通常用于给某一寄存器或存储器单元赋初值或提供一个常数等。

假如用户用高级语言编程，根本不用考虑寻址方式，因为这是编译程序的事，但若用汇编语言编程，则应对它有确切的了解，才能编出正确而又高效率的程序。此时应认真阅读指令系统的说明书，因为不同计算机采用的寻址方式是不同的，即使是同一种寻址方式，在不同的计算机中也有不同的表达方式或含义。

5.4.1.7 寄存器寻址方式

计算机的中央处理器一般设置有一定数量的通用寄存器，用以存放操作数、操作数的地址或中间结果。假如指令地址码给出某一通用寄存器地址，而且所需的操作数就在这一寄存器中，则称为寄存器寻址。通用寄存器的数量一般在几个至几十个之间，比存储单元少很多。因此地址码短，而已从寄存器中存取数据比从存储器中存取快得多，所以这种方式可以缩短指令长度、节省存储空间、提高指令的执行速度，在计算机中得到广泛应用，如图 5.17 所示。优点是有效压缩指令字长、加快存取速度、编程灵活。指令指定寄存器的符号，指令所要的操作数存放在某寄存器中。寄存器寻址方式是在指令中直接给出寄存器名，寄存器中的内容即为所需操作数。在寄存器寻址方式下，操作数存在于指令规定的 8 位、16 位寄存器中。寄存器可用来存放源操作数，也可用来存放目的操作数。

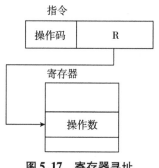

图 5.17 寄存器寻址

5.4.1.8 寄存器间接寻址方式

存储器操作数所在的存储单元的偏移地址放在指令给出的寄存器中。寄存器间接寻址方式是指操作数的有效地址 EA 在指定的寄存器中，这种寻址方式是在指令中给出寄存器，寄存器中的内容为操作数的有效地址。如图 5.18 所示。

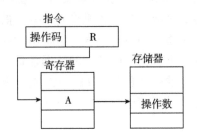

图 5.18 寄存器间接寻址

5.4.1.9 变址寻址方式

其含义是先将变址寄存器的内容 X 和形式地址 A 相加得到 A + X，然后再作间接寻址，得到操作数的有效地址。故操作数的有效地址为：EA = （A + X），如图 5.19 所示。

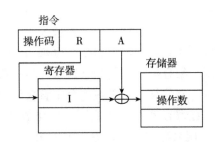

图 5.19 变址寻址

5.4.1.10 复合寻址方式

基址加变址寻址方式是将形式地址取间接变换（A）= N，然后把 N 和变址寄存器的内容 X 相加，得到操作数的有效地址。故操作数的有效地址为：EA = N + X = （A）+ X。

基址寄存器可以采用 BX 或 BP，变址寄存器可以用 SI 或 DI，有效地址是通过将基址寄存器中的值、变址寄存器中的值和位移量这三项相加而求得的。

例如 INC 8（PC + R1）。相对基址加变址寻址方式，如图 5.20 所示。

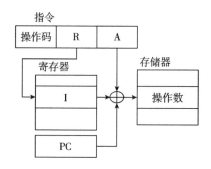

图 5.20　相对基址加变址寻址方式

5.4.1.11　分页寻址方式

若计算机中欲采用直接寻址方式，但由于其访问的内存地址空间受指令中地址码字段长度的制约，若内存空间较大，则可采用分页寻址方式来解决。将指令中操作数地址码可以访问到的内存地址空间称为一页，则整个内存空间可以按页的大小分为多个页面。

例如设内存储器容量为 64K 个存储单元，而指令中地址码长度为 9 位，则每一页有 512 个单元，可将内存空间划分为 64K/512 = 128 页。为访问 128 页，需要 7 位代码来表示页号。若预先将页号送入页号寄存器，把页号寄存器的内容与指令寄存器中形式地址两者拼接起来，就能获得一个可以访问整个内存空间的有效地址。

5.4.2　操作码的设计

霍夫曼（Huffman）在 1952 年根据香农（Shannon）在 1948 年和范若（Fano）在 1949 年阐述的编码思想提出了一种不定长编码的方法，也称霍夫曼（Huffman）编码。霍夫曼编码的基本方法是先对图像数据扫描一遍，计算出各种像素出现的概率，按概率的大小指定不同长度的唯一码字，由此得到一张该图像的霍夫曼码表。编码后的图像数据记录的是每个像素的码字，而码字与实际像素值的对应关系记录在码表中。

霍夫曼编码是可变字长编码（VLC）的一种。Huffman 于 1952 年提出一种编码方法，该方法完全依据字符出现概率来构造异字头的平均长度最短的码字，有时称之为最佳编码，一般就称 Huffman 编码。基本算法步骤如下：

（1）初始化，根据符号概率的大小按由大到小顺序对符号进行排序；

（2）把概率最小的两个符号组成一个新符号（节点），即新符号的概率等于这两个符号概率之和；

（3）重复第 2 步，直到形成一个符号为止（树），其概率最后等于 1；

（4）从编码树的根开始回溯到原始的符号，并将每一下分枝赋值为 1，上分枝赋值为 0。范例应用——扩展霍夫曼树。

5.5 CISC 和 RISC 计算机

5.5.1 （CISC）复杂指令系统计算机及特点

复杂指令集计算机（Complex Instruction Set Computer，CISC）早期的计算机部件比较昂贵，主频低，运算速度慢。为了提高运算速度，人们不得不将越来越多的复杂指令加入到指令系统中，以提高计算机的处理效率，这就逐步形成复杂指令集计算机体系。为了在有限的指令长度内实现更多的指令，人们又设计了操作码扩展。然后，为了达到操作码扩展的先决条件——减少地址码，设计师又发现了各种寻址方式，如基址寻址、相对寻址等，以最大限度地压缩地址长度，为操作码留出空间。Intel 公司的 X86 系列 CPU 是典型的 CISC 体系的结构，从最初的 8086 到后来的 Pentium 系列，每出一代新的 CPU，都会有自己新的指令，而为了兼容以前的 CPU 平台上的软件，旧的 CPU 的指令集又必须保留，这就使指令的解码系统越来越复杂。复杂指令系统增加硬件复杂性，降低机器运行速度。经实际分析发现：

（1）各种指令使用频率相差悬殊。80% 指令使用很少。

（2）指令系统的复杂性带来系统结构的复杂性，增加了设计时间和售价，也增加了 VLSI 设计负担，不利于微机向高档机器发展。

（3）复杂指令操作复杂、运行速度慢。

由此可见，控制字的数量及时钟周期的数目对于每一条指令都可以是不同的。因此在 CISC 中很难实现指令流水操作。另外，速度相对较慢的微程序存储器需要一个较长的时钟周期。由于指令流水和短的时钟周期都是快速执行程序的必要条件，因此 CISC 体系结构对于高效处理器而言不太合适的。

从计算机诞生以来，人们一直沿用 CISC 指令集方式。早期的桌面软件是按 CISC 设计的，并一直沿用。桌面计算机流行的 x86 体系结构即使用 CISC。微处理器（CPU）厂商一直在走 CISC 的发展道路，包括 Intel、AMD，还有其他一些现在已经更名的厂商，如 TI（德州仪器）、Cyrix 以及 VIA（威盛）等。在 CISC

微处理器中，程序的各条指令是按顺序串行执行的，每条指令中的各个操作也是按顺序串行执行的。顺序执行的优点是控制简单，但计算机各部分的利用率不高，执行速度慢。CISC 架构的服务器主要以 IA - 32 架构（Intel Architecture，英特尔架构）为主，而且多数为中低档服务器所采用。

CISC 指令系统存在的问题：20% 与 80% 规律的 CISC 中，大约 20% 的指令占据了 80% 的处理机时间。其余 80% 指令由使用频度只占 20% 的处理机运行时间。复杂指令用微程序实现与用简单指令组成的子程序实现没有多大区别，由于 VLSI 的集成度迅速提高，使得生产单芯片处理机成为可能。软硬件的功能分配问题复杂的指令使指令的执行周期大大加长一般 CISC 处理机的指令平均执行周期都在 4 以上，有些在 10 以上 CISC 增强了指令系统功能，简化了软件，但硬件复杂了，设计周期加长。

5.5.2 （RISC）精简指令系统计算机及特点

精简指令系统（RISC）提高了微处理器的效率，但需要更复杂的外部程序。RISC 系统通常比 CISC 系统要快。它的 80/20 规则促进了 RISC 体系结构的开发。

大多数台式微处理器方案如 Intel 和 Motorola 芯片都采用 CISC 方案；工作站处理器加 MIDS 芯片 DEC Alpha 和 IBM RS 系列芯片均采用 RISC 体系结构。当前和将来的处理器方案似乎更倾向于 RISC。

5.5.2.1　RISC 技术的主要特征：

（1）简化的指令系统。表现在指令数较少、基本寻址方式少、指令格式少、指令字长度一致。

（2）以寄存器 - 寄存器方式工作。

（3）以流水方式工作，从而可在一个时钟周期内执行完毕。

（4）使用较多的通用寄存器以减少访存，不设置或少设置专用寄存器。

（5）采用由阵列逻辑实现的组合电路控制器，不用或少用微程序。

（6）采用优化编译技术，保证流水线畅通，对寄存器分配进行优化。

5.5.2.2　RISC 技术使计算机的结构更加简单合理

RISC 不是简单地简化指令系统，而是通过简化指令使计算机的结构更加简单合理，从而提高运算速度。

（1）仅选使用频率高的一些简单指令和很有用但不复杂指令，指令条数少。

（2）指令长度固定，指令格式少，寻址方式少。

（3）只有取数/存数指令访问存储器，其余指令都在寄存器中进行，即限制内存访问。

（4）CPU 中通用寄存器数量相当多；大部分指令都在一个机器周期内

完成。

（5）以硬布线逻辑为主，不用或少用微程序控制。

（6）特别重视编译工作，以简单有效的方式支持高级语言，减少程序执行时间。

5.6　指令系统举例

下面通过几种类型计算机的简介来增加对指令系统的认识，这些计算机（或处理器）是 Sun 微系统公司的 SPARC（RISC）、IBM360/370 系列（CISC）、PDP11/VAX11（CISC）系列。

5.6.1　SPARC 的指令系统

SPARC 指令字长 32 位，有三种指令格式、六种指令类型。

5.6.1.1　SPARC 的指令类型

（1）算术运算/逻辑运算/移位指令。

加法（ADD）指令 4 条：ADD、ADDCC、ADDX、ADDXCC

减法（SUB）指令 4 条：SUB、SUBCC、SUBX、SUBXCC

检查标记的加法指令 2 条：TADDCC、TADDCCTV

检查标记的减法指令 2 条：TSUBCC、TSUBCCTV

逻辑运算（AND、OR、XOR）指令共 12 条：AND、ANDCC、ANDN、ANDNCC；OR、ORCC、ORN、ORNCC；XOR、XORCC、XORN、XORNCC

移位指令 3 条：SLL（逻辑左移）、SRL（逻辑右移）、SRA（算术右移）

其他还有乘法、SETHI、SAVE、RESTORE。最后两条指令分别将现行窗口指针 −1 和 +1。

下面对 4 条加法指令作以说明：

以 CC 结尾的加法指令表示除了进行加法运算以外还要根据运算结果置状态触发器 N、Z、V、C；X 表示加进位信号；XCC 表示加进位信号并置 N、Z、V、C。

（2）LOAD/STORE 指令：取/存字节（LDSB/STB）、半字、字、双字共 20 条指令，其中一半是特权指令。SPARC 结构将存储器分成若干区，其中有 4 个区分别为用户程序区、用户数据区、系统程序区和系统数据区。并规定在执行用户程序时，只能从用户程序区取指令，在用户数据区存取数据；而执行系统程序时则可使用特权指令访问任一区。

另外，还有两条供多处理机系统使用的数据交换指令 SWAP 和读后置字节指令 LDSTUB。

（3）控制转移指令，5 条。

（4）读/写专用寄存器指令，8 条。

（5）浮点运算指令。

（6）协处理器指令。

由于 SPARC 为整数运算部件（IU），所以当执行浮点运算指令或协处理器指令时，将给浮点运算器或协处理器处理，当机器没有配置这种部件时，将通过子程序实现。

5.6.1.2 各类指令的功能及寻址方式

下面我们把第 1 类到第 4 类指令作一简单介绍。

（1）算术逻辑运算指令。

功能：（rsl）OP（rs2）→rd（当 i = 0 时）

（rs1）OP Simml3→rd（当 i = 1 时）

本指令将 rsl、rs2 的内容（或 Simm13）按操作码所规定的操作进行运算后将结果送 rd。RISC 的特点之一是所有参与算术逻辑运算的数均在寄存器中。

（2）LOAD/STORE 指令（取数/存数指令）。

功能：LOAD 指令将存储器中的数据送 rd 中；

STORE 指令将 rd 的内容送存储器中；

存储器地址的计算（寄存器间址寻址方式）：

当 i = 0 时，存储器地址 =（rsl）十（rs2）；

当 i = 1 时，存储器地址 =（rsl）十 Simm13。

在 RISC 中，只有 LOAD/STORE 指令访问存储器。

（3）控制转移类指令。

此类指令改变 PC 值，SPARC 有五种控制转移指令：

①条件转移（Branch）　根据指令中的 Cond 字段（条件码）决定程序是否转移址由相对寻址方式形成。

②转移并连接（JMPL）　采用寄存器间址方式形成转移地址，并将本条指令的地址（即 PC 值）保存在以 rd 为地址的寄存器中，以备程序返回时用。

③调用（CALL）　采用相对寻址方式形成转移地址。为了扩大寻址范围，本条指令的操作码只取两位，位移量有 30 位。

④陷阱（Trap）　采用寄存器间址方式形成转移地址。

⑤从 Trap 程序返回（RETT）　采用寄存器间址方式形成返回地址。

（4）读/写专用寄存器指令。

SPARC 有四个专用寄存器（PSR、Y、WIM、TBR），其中 PSR 称为程序状态寄存器。几乎所有机器都设置 PSR 寄存器（有的计算机称为程序状态字PSW）。PSR 的内容反映并控制计算机的运行状态，比较重要，所以读/写 PSR（RDPSR、WRPSR）指令一般为特权指令。

在 SPARC 中，有一些指令没有设置，但很容易用一条其他指令来替代，这是因为 SPARC 约定 RD 的内容恒为零，而且立即数可以作为一个操作数处理。当然有时可能需要连续执行几条指令才能完成另一条指令的功能。所以计算机中软、硬件功能的分工不是一成不变的。

5.6.2 向量指令举例

有些大型机、巨型机还设置向量运算指令，可直接对整个向量或矩阵进行求和、求积等运算，有关向量处理的问题请参考本书第 11 章。在这里我们通过举例简单介绍一下向量指令的格式和向量指令的类型。CYBER – 205 是由美国 CDC公司设计与制造，于 1981 年交付使用的向量处理机。CYBER – 205 的基本向量指令格式由 8 个信息段组成，每个信息段占用 8 位，指令字长 64 位。

向量指令在执行以前，必须先设置网量参数寄存器的内容，为此增加一些访问存储器的操作，这就需要一段辅助操作时间，称为建立时间（Setup Time）。

向量指令译码后，根据指令中向量参数寄存器的内容，计算出每个向量的起始地址和向量的有效长度，然后就可以顺序地取出源向量的每个元素，送浮点部件进行运算，直到向量的有效长度等于"0"为止。

CYBER – 205 的向量指令，通常对存储在连续的存储单元中一组有序的数据进行操作，其结果也存在连续的存储单元中。

CYBER – 205 设置有基本向量指令、稀疏向量指令、向量宏指令和位串、字符中运算指令。

基本向量指令包括向量加、减、乘、除、平方根，64 位和 32 位浮点数之间的转换，浮点数的尾数和阶码的装配和拆卸等指令。控制位向量的每一位用来控制结果向量的相应元素是否应该存进存储器。当控制位向量的某一位为"1"时，结果向量的相应元素应存进存储器中；当它为"0"时，则不存。

本章小结

一台计算机中所有机器指令的集合，称为这台计算机的指令系统。指令格式是指令字用二进制代码表示的结构形式，通常由操作码字段和地址码字段组成。操作码字段表征指令的操作特性与功能，而地址码字段指示操作数的地址。目前多采用二地址、单地址、零地址混合方式的指令格式。指令字长度分为：单字长、半字长、双字长三种形式。高档微型机中目前多采用 32 位长度的单字长形式。不同机器有不同的指令系统。一个较完善的指令系统应当包含数据传送类指令、算术运算类指令、逻辑运算类指令、程序控制类指令、I/O 类指令、字符串类指令、系统控制类指令。熟悉 RISC 指令系统和 CISC 指令系统的区别和改进。

习 题

一、简答题

1. 指令系统。

2. 指令周期。

3. 寄存器间接寻址方式。

4. 基址加变址寻址方式。

二、判断题

1. 兼容机之间指令系统可以是相同的，但硬件的实现方法可以不同。

2. 堆栈是由若干连续存储单元组成的先进先出存储区。

3. RISC 较传统的 CISC 的 CPU 存储器操作指令更丰富，功能更强。

4. 指令的多种寻址方式会使指令格式复杂化，但可以增加指令获取操作的灵活性。

5. 程序计数器 PC 用来指示从内存中取指令。

6. 内存地址寄存器只能用来指示从内存中取数据。

7. 浮点运算指令对用于科学计算的计算机是很必要的，可以提高机器的运算速度。

8. 在计算机的指令系统中，真正必需的指令数是不多的，其余的指令都是为了提高机器速度和便于编程而引入的。

9. 扩展操作码是一种优化技术，它使操作码的长度随地址码的减少而增加，不同地址的指令可以具有不同长度的操作码。

10. 转移类指令能改变指令执行顺序，因此，执行这类指令时，PC 和 SP 的值都将发生变化。

11. RISC 的主要设计目标是减少指令数，降低软、硬件开销。

12. 新设计的 RISC，为了实现其兼容性，是从原来 CISC 系统的指令系统中挑选一部分简单指令实现的。

13. RISC 没有乘、除指令和浮点运算指令。

第6章　中央处理器及工作原理

了解：中央处理器的发展。

中央处理单元的结构和组成。

掌握：掌握微程序控制器的原理。

中央处理器的结构和概念。

理解：中央处理器的工作原理。

知识结构

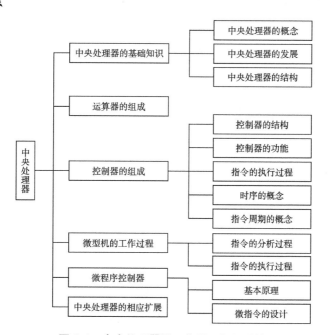

图6.1　中央处理器及工作原理知识结构

微处理器发展的现今——典型微处理器酷睿 i7 的结构

酷睿 i7 是面向高端发烧用户的 CPU 家族标识，包含 Bloomfield（2008 年）、Lynnfield（2009 年）、Clarksfield（2009 年）、Arrandale（2010 年）、Gulftown（2010 年）、Sandy Bridge（2011 年）、Ivy Bridge（2012 年）等多款子系列，并取代酷睿 2 系列处理器。

Intel 官方正式确认，基于全新 Nehalem 架构的新一代桌面处理器将沿用"Core"（酷睿）

历代酷睿 i7 LOGO 名称，命名为"Intel Core i7"系列，至尊版的名称是"Intel Core i7 Extreme"系列。Core i7（中文：酷睿 i7，核心代号：Bloomfield）处理器是英特尔于 2008 年推出的 64 位核心 CPU，沿用 x86 – 64 指令集，并以 Intel Nehalem 微架构为基础，取代 Intel Core 2 系列处理器。Nehalem 曾经是 Pentium 4 10 GHz 版本的代号。Core i7 的名称并没有特别的含义，Intel 表示取 i7 此名的原因只是听起来悦耳，"i"的意思是智能（intelligence 的首字母），而 7 则没有特别的意思，更不是指第 7 代产品。而 Core 就是延续上一代 Core 处理器的成功，有些人会以"爱妻"昵称之。

Core i7 处理器系列将不会再使用 Duo 或者 Quad 等字样来辨别核心数量。最高级的 Core i7 处理器配合的芯片组是 Intel X58。Core i7 处理器的目标是提升高性能计算和虚拟化性能。所以在电脑游戏方面，它的效能提升幅度有限。另外，在 64 位模式下可以启动宏融合模式，上一代的 Core 处理器只支持 32 位模式下的宏融合。该技术可合并某些 X86 指令成单一指令，加快计算周期。

Core i7 于 2010 年发表 32 纳米编程的产品，Intel 表示，代号 Gulftown 的 i7 将拥有六个实体核心，同样支持超线程技术，并向下支持现今的 X58 芯片。

6.1 中央处理器的组成及功能

在计算机的系统中，中央处理器 CPU 是由控制器和运算器两大部分组成的。控制器是整个系统的操控中心，相当于人的大脑。在控制器的控制之下，运算器、存储器和输入输出设备等部件构成了一个有机的整体。在早期的计算机中，由于器件集成度较低，运算器与控制器是两个相对独立的部分，占用多块插件和多个机柜。随着大规模集成电路和超大规模集成电路的发展，逐渐将 CPU 作为一个整体来研究。在微型计算机中，将 CPU 的功能集成在一块芯片，称为微处理器。对于高档微处理器，特别是采用 RISC 技术的微处理器，其功能很强，主要体现在存取速率、处理字长、访存空间等技术指标。在中型机、大型机、巨型机中，由于采用多个运算部件，目前尚需多块芯片构成运算器，仍保持相对独立的地位。随着并行处理技术的发展，正呈现出一种发展趋势：即用多个高档微处理器（如 RISC 微处理器）来构成多机系统，实现大型机、巨型机的功能。如图6.2 所示。

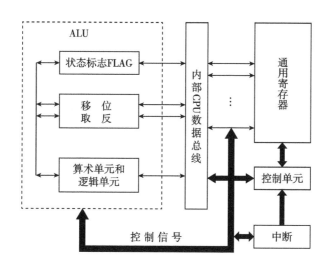

图 6.2　中央处理单元的结构框架

　　计算机进行信息处理的过程分为两个步骤，首先将数据和程序输入计算机存储器中，然后从"程序入口"开始执行该程序，得到所需要的结果后，结束运行。控制器的作用是协调并控制计算机的各个部件执行程序的指令序列。控制器是全机的指挥系统，它根据工作程序的指令序列、外部请求、控制台操作，去指挥和协调全机的工作。通俗些说，控制器的作用是决定全机在什么时间、根据什么条件、发出哪些微命令、做什么事。

　　通过本章的学习，应在 CPU 一级上建立起整机概念，对于计算机的程序来说，都是从入口地址开始执行该程序的指令序列，是不断地取指令、分析指令和执行指令这样一个周而复始的过程。为了提高 CPU 的功能与速度，出现了许多较复杂的技术，如流水处理、阵列处理、向量机、超标量方式、超长指令字技术（指令非常长，其功能相当于多条指令）等。综上所述，计算机的工作过程可描述如下：

加电→产生 Reset 信号→取指令→分析指令→执行程序→停机→停电。

本章首先讨论有关 CPU 组成的基本内容，如 CPU 总体结构与内部数据通路，CPU 的传送控制方式，时序控制方式，然后通过具体模型机指令的执行，阐明基本的计算机结构原理，并从指令流程与微操作命令序列这两个方面阐明计算机究竟是怎样工作的。显然，这些内容是全书的一个重点。

6.1.1 控制器的组成

控制器是指挥与控制计算机系统各功能部件协同工作、自动执行计算机程序的部件。它把运算器和存储器以及 I/O 设备组成一个有机的系统。

控制器的作用是控制程序（即指令）的有序执行。进行取指令、分析解释指令、执行指令（包括控制程序和数据的输入输出以及对异常情况和特殊请求的处理）。计算机不断重复上述三种基本操作，直到遇到停机指令或外来的干预为止。主要由指令指针寄存器 IP 或程序计数器 PC、指令寄存器 IR 或指令队列、指令译码器 ID、控制逻辑电路（如启停电路）和脉冲源及时钟控制电路等组成。具体结构如图 6.3 所示。

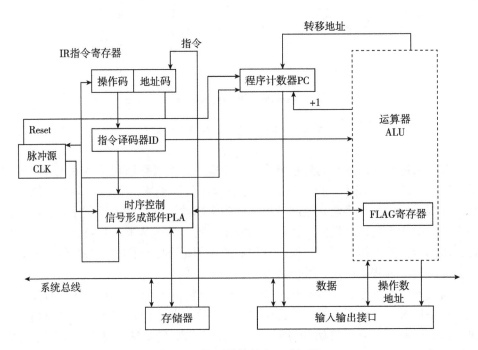

图 6.3 控制器的基本组成框图

程序计数器（PC）：程序计数器（PC）即指令地址寄存器。又称为指令计数器或指令指针 IP，它的作用是提供读取指令的地址，或以 PC 内容为基准计算操作数的地址。在某些计算机中用来暂时存放当前正在执行的指令地址，而在另一些计算机中则用来存放即将要执行的下一条指令地址；而在有指令预取功能的计算机中，可能存放下一条要取出的指令地址。每读取一条指令后，程序计数器内容就增量计数，以指向后继指令的地址。如果遇到需要改变顺序执行程序的情况，一般由转移类指令形成转移地址送往程序计数器。作为下一条指令的地址。例如每读取一条单字节指令，PC 值相应加 1；如果读取一条二字节指令，则 PC 加 2。

指令寄存器（IR）：是用来存放当前正在执行的指令，并控制其完成功能。

指令译码器（ID）：是对指令寄存器中的操作码进行译码、分析解释并产生相应控制信号的部件。

脉冲源：是产生一定频率的脉冲信号，是机器周期和工作脉冲的基准信号，在机器刚加电时，还应产生一个总清信号（Reset）。

启停线路：主要是保证可靠地送出或封锁时钟脉冲，控制时序信号的发生或停止，从而启动机器工作或使之停机。

时序逻辑信号产生器：是当机器启动后，在 CLK 时钟作用下，根据当前正在执行的指令的需要，产生相应的时序控制信号，并根据被控功能部件的反馈信号调整时序控制信号。

6.1.2　控制器的功能

控制器的基本功能就是负责指令的读出，进行翻译和解释，并协调各功能部件执行指令，从而实现程序的执行。计算机对数据信息的操作（或计算）是通过执行程序而实现的，程序是完成某个指定算法的指令序列，先存放在存储器中，需要时进行调用。具体功能如下：

6.1.2.1　取指令

当程序已经在存储器中时，首先根据程序入口地址取出第一条指令的地址，为此要发出指令地址及控制信号。

6.1.2.2　分析指令

或叫解释指令、指令译码等。是对当前取得的指令进行分析，这个过程由指令译码器完成，指出它要完成什么操作，并进而产生相应的微操作命令信号，如果参与操作的数据在存储器中，还需要形成操作数地址。

6.1.2.3　执行指令

根据分析指令时所产生的微操作命令以及操作数地址形成相应的操作控制信号序列，通过 CPU 及输入输出接口设备执行。计算机不断重复顺序执行上述三种基本操作：取指令、分析指令、执行指令。如此循环，直到遇到停机指令或外来的干预为止。

6.1.2.4 控制与 I/O 接口部件之间的数据传送

根据软件和硬件的要求，在适当的时候向输入输出设备发出一些相应的命令来完成 I/O 功能，这实际上也是通过执行程序来完成的。

6.1.2.5 其他异常情况事件的处理

当机器出现某些异常情况，比如运算器中的除法出错和数据传送的奇偶错等；或者某些中断请求，比如外设数据需送存储器或程序员从控盘送入指令等。解决处理情况：（1）若有中断请求向 CPU 发出命令，待 CPU 执行完当前指令后，响应该请求，中止当前正在执行的程序，转去执行中断服务程序。当处理完毕后，再返回原程序的断点处继续执行。（2）DMA 控制，将内存和外存直接进行数据传送。等 CPU 完成当前机器周期操作后，暂停工作，释放总线权力给 I/O 设备，在完成 I/O 设备与存储器之间的传送数据操作后，CPU 从暂时中止的机器周期开始继续执行指令。

6.1.2.6 控制器逻辑结构的组织方法

（1）常规组合逻辑法（或称随机逻辑法）；分立元件时代的产物；方法是按逻辑代数的运算规则，以组合电路最小化为原则，用逻辑门电路实现；不规整，可靠性低，造价高。

（2）可编程逻辑阵列（PLA）法；与前者本质相同，工艺不同；用大规模集成电路（LSI）来实现。

（3）微程序控制逻辑法：将程序设计的思想方法引入控制器的控制逻辑；将各种操作控制信号以编码信息字的形式存入控制存储器中（CM）。

一条机器指令对应一道微程序，机器指令执行的过程就是微程序执行的过程。如图 6.4 所示。

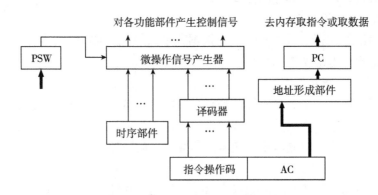

图 6.4 控制器执行顺序

6.1.3　运算器的组成

运算器包括寄存器、执行部件和控制电路 3 个部分。在典型的运算器中有 3 个寄存器：接收并保存一个操作数的接收寄存器；保存另一个操作数和运算结果的累加寄存器；在进行乘、除运算时保存乘数或商数的乘商寄存器。执行部件包括一个加法器和各种类型的输入输出门电路。控制电路按照一定的时间顺序发出不同的控制信号，使数据经过相应的门电路进入寄存器或加法器，完成规定的操作。为了减少对存储器的访问，很多计算机的运算器设有较多的寄存器，存放中间计算结果，以便在后面的运算中直接用作操作数。为了提高运算速度，某些大型计算机有多个运算器。它们可以是不同类型的运算器，如定点加法器、浮点加法器、乘法器等，也可以是相同类型的运算器。运算器的组成决定于整机的设计思想和设计要求，采用不同的运算方法将导致不同的运算器组成。但由于运算器的基本功能是一样的，其算法也大致相同，因而不同机器的运算器是大同小异的。运算器主要由算术逻辑部件、通用寄存器组和状态寄存器组成。

6.1.3.1　算术逻辑部件 ALU

ALU 主要完成对二进制信息的定点算术运算、逻辑运算和各种移位操作。算术运算主要包括定点加、减、乘和除运算。逻辑运算主要有逻辑与、逻辑或、逻辑异或和逻辑非操作。移位操作主要完成逻辑左移和右移、算术左移和右移及其他一些移位操作。某些机器中，ALU 还要完成数值比较、变更数值符号、计算操作数在存储器中的地址等。可见，ALU 是一种功能较强的组合逻辑电路，有时被称为多功能发生器，它是运算器组成中的核心部件。ALU 能处理的数据位数（即字长）与机器有关。如 Z80 单板机中，ALU 是 8 位；IBM PC/XT 和 AT 机中，ALU 为 16 位；386 和 486 微机中，ALU 是 32 位。ALU 有两个数据输入端和一个数据输出端，输入输出的数据宽度（即位数）与 ALU 处理的数据宽度相同。

6.1.3.2　通用寄存器组

通用寄存器组近期设计的机器的运算器都有一组通用寄存器。它主要用来保存参加运算的操作数和运算的结果。早期的机器只设计一个寄存器，用来存放操作数、操作结果和执行移位操作。由于可用于存放重复累加的数据，所以常称为累加器。通用寄存器均可以作为累加器使用。通用寄存器的数据存取速度是非常快的，目前一般是十几个毫微秒（ns）。如果 ALU 的两个操作数都来自寄存器，则可以极大地提高运算速度。通用寄存器同时可以兼作专用寄存器，包括用于计算操作数的地址（用来提供操作数的形式地址，据此形成有效地址再去访问主存单元）。例如，可作为变址寄存器、程序计数器（PC）、堆栈指示器（SP）等。必须注意的是，不同的机器对这组寄存器使用的情况和设置的个数是不相同的。

指令寄存器 IR（Instruction Register），用于存放将要执行的指令；指令指针寄存器 IP，又称指令计数器，用于产生和存放下条待取指令的地址；堆栈指针寄存器 SP，指示堆栈栈顶的地址；变址寄存器 XR，变址寻址中存放基础地址的寄存器，如 SI、DI；段地址寄存器 SR，计算机内存大时多把内存存储空间分成段（例如 64KB）来管理，使用时以段为单位进行分配。段地址寄存器即是在段式管理中用来存放段地址的寄存器。

6.1.3.3 状态寄存器

状态寄存器用来记录算术、逻辑运算或测试操作的结果状态。程序设计中，这些状态通常用作条件转移指令的判断条件，所以又称为条件码寄存器。一般均设置如下几种状态位：

（1）零标志位（Z）：当运算结果为 0 时，Z 位置"1"；非 0 时，置"0"；

（2）负标志位（N）：当运算结果为负时，N 位置"1"；为正时，置"0"；

（3）溢出标志位（V）：当运算结果发生溢出时，V 位置"1"；无溢出时，置"0"；

（4）进位或借位标志（C）：在做加法时，如果运算结果最高有效位（对于有符号数来说，即符号位；对无符号数来说，即数值最高位）向前产生进位时，C 位置"1"；无进位时，置"0"。在做减法时，如果不够减，最高有效位向前有借位（这时向前无进位产生）时，C 位置"1"；无借位（即有进位产生）时，C 位置"0"。除上述状态外，状态寄存器还常设有保存有关中断和机器工作状态（用户态或核心态）等信息的一些标志位（应当说明，不同的机器规定的内容和标志符号不完全相同），以便及时反映机器运行程序的工作状态，所以有的机器称它为"程序状态字"或"处理机状态字"（Processor Status Word，PSW）。如图 6.5 所示。

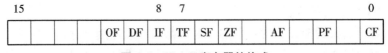

图 6.5 FLAG 寄存器的格式

FLAG 用于反映指令执行结果或控制指令执行的形式。它是一个 16 位的寄存器，共有 9 个可用的标志位，其余 7 个位空闲不用。各种标志按作用可分为两类：

6 个状态标志：CF－进位标志；PF－奇偶标志；AF－辅助进位标志；ZF－零标志；SF－符号标志；OF－溢出标志。

3 个控制标志：TF－陷阱标志或单步操作标志；IF－中断允许标志；DF－方

向标志。

6.1.4　运算器的功能

运算器是加工处理数据的功能部件。运算器能执行多少种操作和操作速度，标志着运算器能力的强弱，甚至标志着计算机本身的能力。运算器最基本的操作是加法。一个数与零相加，等于简单地传送这个数。将一个数的代码求补，与另一个数相加，相当于从后一个数中减去前一个数。将两个数相减可以比较它们的大小。左右移位是运算器的基本操作。在有符号的数中，符号不动而只移数据位，称为算术移位。若数据连同符号的所有位一齐移动，称为逻辑移位。若将数据的最高位与最低位链接进行逻辑移位，称为循环移位。

运算器的逻辑操作可将两个数据按位进行与、或、异或，以及将一个数据的各位求非。有的运算器还能进行二值代码的 16 种逻辑操作。乘、除法操作较为复杂。很多计算机的运算器能直接完成这些操作。乘法操作是以加法操作为基础的，由乘数的一位或几位译码控制逐次产生部分积，部分积相加得乘积。除法则又常以乘法为基础，即选定若干因子乘以除数，使它近似为 1，这些因子乘被除数则得商。没有执行乘法、除法硬件的计算机可用程序实现乘、除，但速度慢得多。有的运算器还能执行在一批数中寻求最大数，对一批数据连续执行同一种操作，求平方根等复杂操作。

运算器的操作可以采用分层进行。第一层是输入缓冲选择器或锁存器，决定接收来自哪个通用寄存器的内容。第二层是算术逻辑单元 ALU，它采用 74181 结构，由若干控制命令选择其运算功能。第三层是移位转换器，常由多路选择器实现移位操作。这三层的组合能实现基本的算术、逻辑运算功能，通过时序控制的配合也能实现定点乘除运算。

根据运算部件的设置，可将计算机的运算功能分为以下四种类别：

（1）一般的 CPU，只设置一个算术逻辑单元，它在硬件级只能实现基本的算术、逻辑运算功能，通过软件子程序实现定点运算与浮点运算，以及其他更复杂的运算。

（2）功能复杂的 CPU，与时序控制相配合，可实现硬件级定点及浮点运算。基本的算术逻辑运算通常只需一个电位即可运算完毕，而乘除运算常需分拍实现。如果设有专门的阵列运算器，也可在一个节拍内完成。

（3）超级小型机，这一档次现已覆盖了传统的中型机范畴，单 ALU，并将定点乘除与浮点部件作为基本配置。

（4）大、巨型机，设有多种运算部件。例如，巨型机 CRAY—l 有 12 个运算部件，其中有定点标量运算器（如整数加法、移位、逻辑运算、计数等）、浮点运算器（如浮点加法、浮点乘法、倒数近似等）、向量运算部件（如整数加法、移位、逻辑运算等）。

6.1.5　指令执行过程

时序系统计算机的工作往往需要分步地执行，例如一条指令的读取与执行过程常需分成读取指令、读取源操作数、读取目的操作数、运算、存放结果等步骤。这就需要一种时间划分的信号标志，如周期、节拍等。同一条指令，在不同时间发出不同的微操作命令，做不同的事，其依据之一就是不同的周期、节拍信号。指令周期的概念是指 CPU 每取出并执行一条指令，都要完成一系列的操作，这一系列操作所需的时间通常叫作一个指令周期。更简单地说，指令周期是取出并执行一条指令的时间。

指令周期常常用若干个 CPU 周期数来表示，CPU 周期也称为机器周期。而一个 CPU 周期时间又包含有若干个时钟周期（通常称为节拍脉冲或 T 周期，是处理操作的最基本单位）。计算机的程序执行过程实际上是不断地取出指令、分析指令、执行指令的过程。

主要是指执行指令的基本过程。计算机执行指令的过程可以分为三个阶段：取指令；分析指令；执行指令。

6.1.5.1　取指令

（1）（PC）→MAR，READ。

（2）（PC）+1→PC。

（3）读操作（将 MAR 所指定的地址单元的内容读出）→MDR，并发出 MFC（Wait for MFC）。

（4）（MDR）→IR，指令译码器对操作码字段 OC 开始译码。

6.1.5.2　分析指令

（1）OC：识别和区分不同的指令类别；

（2）AC：获取操作数的方法。

例如，假设目前在 IR 寄存器中的指令是一条加法指令：

ADD（R0），R1

其中，R0，R1 是通用寄存器，事先由其他指令已送入了内容。分析指令阶段能得到两个结果：这是一条加法指令；源点操作数是寄存器间接寻址方式，操作数在内存中，有效地址是（R0），终点操作数是寄存器直接寻址方式，操作数就是 R1 寄存器的内容。又如，若目前在 IR 寄存器中的指令是一条减法指令：

SUB　D（R0），（R1）

其中，R0，R1 是通用寄存器，事先由其他指令已送入了内容。分析指令阶段能得到两个结果：这是一条减法指令；源点操作数是寄存器变址寻址方式，操作数在内存中，有效地址是（R0）＋D，终点操作数是通用寄存器间接寻址方式，有效地址是 R1 寄存器的内容。

6.1.5.3　执行指令

执行指令阶段完成指令所规定的各种操作，具体实现指令的功能。

F（IR，PSW，时序）→微操作控制信号序列。

例如，ADD　　（R0），R1。

又如，SUB　D（R0），（R1）。

若无意外事件（如结果溢出）发生，机器就又从 PC 中取得下一条指令地址，开始一条新指令的控制过程。计算机的基本工作过程可以概括地说成是取指令，分析指令，执行指令，再取下一条指令，依次周而复始地执行指令序列的过程。

一个模型机的指令操作流程框图如图 6.6 所示。

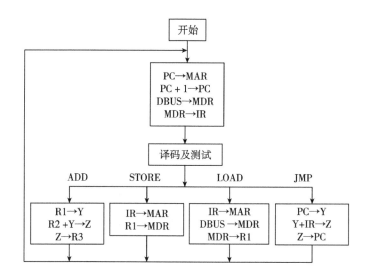

图 6.6　模型机的指令操作流程

计算机进行信息处理的过程分为两个步骤，首先将数据和程序输入计算机中，然后从程序入口开始执行该程序，得到所需的结果后，结束运行。

举例一条加法指令的执行过程：

①从存储器取指令，送入指令寄存器，并进行操作码译码。程序计数器加1，为下一条指令做好准备。

控制器发出的控制信号 PC→MAR，然后读存储器，将地址通过地址总线送到 DR 中，W/R = 0，M/IO = 1；PC + 1。

②计算数据地址，将计算得到的有效地址送地址寄存器 AR。

③到存储器取数：控制器发出控制信号将将地址寄存器内容送地址总线，同时发访存读命令，存储器读出数据送数据总线后，打入数据寄存器。

④进行加法运算，结果送寄存器，并根据运算结果置状态位 N，Z，V，C。

控制器送出的控制信号：rs→GR，(rs)→ALU，DR→ALU（两个源操作数送 ALU）；+（ALU 进行加法运算）；rd→GR；ALU→rd。其中 rs 表示源操作数地址，rd 表示目的操作数地址，最后置状态标志位 N、Z、V、C，运算结果送目的寄存器。

指令功能根据 N，Z，V，C 的状态，决定是否转换。如转移条件成立则转移到本条指令所指定的地址，否则顺序执行下一条指令。本条指令完成以下操作：

（1）从存储器取指令，送入指令寄存器并进行操作码译码。程序计数器加 1，如不转移，即为下一条要执行的指令地址。本操作对所有指令都是相同的。

（2）如转移条件成立，根据指令规定的寻址方式计算有效地址，转移指令常采用相对寻址方式。此时转移地址 = PC + disp。此处 PC 是指本条指令的地址，而在上一机器周期已执行 PC + 1 操作，因此计算时应取原 PC 值，或对运算进行适当修正。最后将转移地址送入 PC。

6.1.6　操作控制与时序产生器

许多操作需要严格的定时控制，例如在规定的时刻将已经稳定的运算结果送入某个寄存器。又如，在规定的时刻实现周期节拍的切换，结束当前周期的操作，转入一个新的周期。这就需要定时控制的同步脉冲。产生周期节拍、脉冲等时序信号的部件，称为时序发生器，或称时序系统，它包含一个脉冲源和一组计数分频逻辑。脉冲源又称主振荡器，它提供 CPU 的时钟基准。时序部件是指计算机的机内时钟。它用其产生的周期状态、节拍电位及时标脉冲去对指令周期进行时间划分、刻度和标定。把一个机器周期分成若干个相等的时间段，每一个时间段对应一个电位信号，称节拍电位；一般都以能保证 ALU 进行一次运算操作作为一拍电位的时间宽度。如图 6.7 所示。

微处理器芯片内部往往有基本的振荡电路，可以外接石英晶体，以保持某个稳定的主振荡频率。主振荡的输出经过一系列计数分频，产生所需的时钟周期（节拍）或持续时间更长的工作周期信号。主振荡产生的时钟脉冲与周期节拍信号、控制条件相综合，可以产生所需的各种工作脉冲。机器加电后，主振荡器就开始振荡，但仅当 CPU 真正启动工作后，主振荡输出才有效。因此，需要一套启停控制逻辑，以保证可靠地送出完整的时钟脉冲（如果启动或停机时发出了残缺的脉冲信号，就可能使工作不可靠）。启停控制线路还在刚加电时产生一个复位信号 RESET，使有关部件处于正确的初始状态。

两种常用的控制启停的方案如图 6.8 所示。

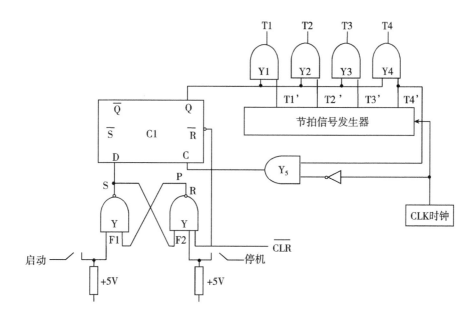

图 6.7　时序部件结构

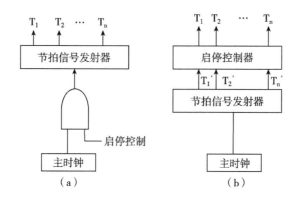

图 6.8　启停逻辑控制方式

采用图 6.8（a）方案时，机器上电后只产生主时钟 Ψ，节拍信号发生器不工作，待启停控制逻辑有效将机器启动后，节拍信号发生器才开始工作，顺利产生机器操作所需的节拍电位信号（$T_1 \sim T_n$）。

采用图 6.8（b）方案时，机器上电后立即产生主时钟 Ψ 和节拍电位信号（$T_1' \sim T_n'$），但是它们并不能控制机器开始工作，待启停控制逻辑有效后，才能产生控制机器操作的节拍信号（$T_1 \sim T_n$）。

微操作命令产生部件从用户角度看，计算机的工作表现为执行指令序列。从内部的物理层看，指令的读取与执行表现为信息的传送，相应地形成两大信息流：控制流与数据流。因此，CPU 中控制器的任务是根据控制流产生微操作命令序列，根据此序列进行数据传送，在数据传送至运算器时完成运算。可执行程序实际是指令序列，而各条指令也常需分步执行，所要求的微操作命令也就是一种序列。一段程序由若干指令构成，一条指令由若干步操作实现其功能，每一步操作又由若干条微指令组成。微操作是最基本的控制命令，如电路的开/关、多路选择、电平型命令、定时脉冲等。因此，这些信息或作为逻辑变量，经组合逻辑电路产生微操作命令序列；或形成相应的微程序地址，通过微程序中的微指令直接产生微操作命令序列。产生微操作命令的基本依据是时间（如周期节拍、脉冲等时序信号）、指令代码（如操作码、寻址方式、寄存器号）、状态（如 CPU 内部的程序状态字、控制外部设备时需要考虑的外部状态）、外部请求（如中断请求、DMA 请求）等。

按照微命令的形成方法，控制器可分为时序逻辑型又称为硬布线控制器，它是采用时序逻辑技术来实现的；存储型又称为微程序控制器，它是采用存储逻辑来实现的；时序逻辑与存储逻辑结合型，是前两种方式的组合。

6.2 指令周期

6.2.1 指令周期概述

6.2.1.1 指令周期

指令周期是执行一条指令所需要的时间，是 CPU 从内存取出一条指令并执行这条指令的时间总和。一般由若干个机器周期组成，是从取指令、分析指令到执行完所需的全部时间。指令不同，所需的机器周期数也不同。

6.2.1.2 CPU 周期（机器周期）

CPU 周期（机器周期）是指 CPU 进行一次数据传输所需的时间。CPU 访问一次内存所花的时间较长，因此用从内存读取一条指令字的最短时间来定义。一个总线周期至少包括 4 个 T 状态。时钟周期通常称为节拍脉冲或 T 周期。一个 CPU 周期包含若干个时钟周期。

6.2.1.3 T 状态（时钟周期）

T 状态（时钟周期）是 CPU 处理动作的最小单位时间。就是时钟信号 CLK 的周期。对于一些简单的单字节指令，在取指令周期中，指令取出到指令寄存器后，立即译码执行，不再需要其他的机器周期。对于一些比较复杂的指令，例如转移指令、乘法指令，则需要两个或者两个以上的机器周期。

通常含一个机器周期的指令称为单周期指令，包含两个机器周期的指令称为双周期指令。指令不同，所需的机器周期数也不同。对于一些简单的单字节指令，在取指令周期中，指令取出到指令寄存器后，立即译码执行，不再需要其他的机器周期。对于一些比较复杂的指令，例如转移指令、乘法指令，则需要两个或者两个以上的机器周期。

从指令的执行速度看，单字节和双字节指令一般为单机器周期和双机器周期，三字节指令都是双机器周期，只有乘、除指令占用 4 个机器周期。如图 6.9 所示。

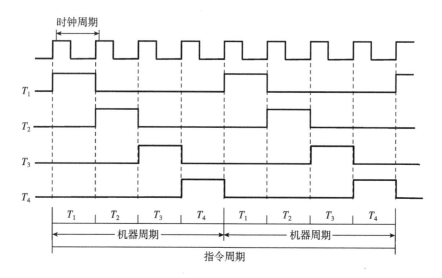

图 6.9 指令周期、机器周期、时钟周期三者的关系

6.2.2 典型的指令周期

表6.1　典型指令组成的程序

	八进制地址	指令助记副	说　明
指令存储器	100		1. 程序执行前（A0）=00，（A2）=20，（A3）=30；
	101	MOV A0, A1	2. 传送指令 MOV 执行（A1）→A0；
	102	LAD A1, 6	3. 取数指令 LAD 从数存5号单元取数（70）→A1；
	103	ADD A1, A2	4. 加法指令 ADD 执行（A1）+（A2）→A2，结果为（A2）=90；
	104	STO A2, （A3）	5. 存数指令 STO 用（A3）间接寻址，（A2）=90写入数存30号单元；
	105	JMP 101	6. 转移指令 JMP 改变程序执行顺序到101号单元；
	106	AND A1, A3	7. 逻辑乘 AND 指令执行（A1）·（A3）→A3
	八进制地址	八进制数据	说　明
数据存储器	5	70	执行 LAD 指令后。数存5号单元的数据70仍保存在其中
	6	100	
	7	66	
	10	77	
	…	…	
	30	40（90）	执行 STO 指令后，数存30号单元的数据由40变为90

6.2.3 MOV 指令的指令周期

MOV 是一条 RR 型指令，其指令周期如图6.10所示。它所要两个 CPU 周期，其中取指周期需要一个 CPU 周期，执行周期需要一个 CPU 周期。

取值周期中需要一个 CPU 完成三件事：①从指存取出指令；②对程序计数器 PC 加1，以便为取下一条指令做好准备；③对指令操作码进行译码或测试，以便确定进行什么操作。

运行周期中 CPU 根据对指令操作码或测试，进行指令所需求的操作码的译码或测试，进行指令所需求的操作。对 MOV 指令来说，执行周期中完成由于时间充足，执行周期一般只需要一个 CPU 周期。

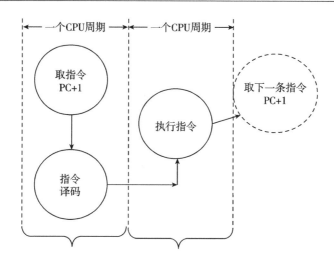

图 6.10　MOV 指令的指令周期

6.2.3.1　取指周期

第一条指令的取指周期示于图 6.11。我们假定表 6.1 的程序已经装入指令中，因而在此阶段内，CPU 的动作如下：

（1）程序计数器 PC 中装入第一条指令地址 101（八进制）；

（2）PC 的内容被放到指令地址总线 ABUS（I）上，队指存进行译码，并启动度命令；

（3）从 101 号地址读出的 MOV 指令通过指令总线 IBUS 装入指令寄存器 IR；

（4）程序计数器内容加 1，变成 102，为取下一条指令做好准备；

（5）指令寄存器中的操作码（OP）被译码；

（6）CPU 识别出是 MOV 指令，至此，取指周期即告结束。

6.2.3.2　执行指令阶段（执行周期）

MOV 指令的执行周期示于图 6.12 中，在此阶段，CPU 的动作如下：

（1）操作控制器（OC）送出控制信号到通用寄存器，选择 A1（10）作源寄存器，选择 R0 作目标寄存器；

（2）OC 送出控制信号到 ALU，指定 ALU 做传动操作；

（3）OC 送出控制信号，打开 ALU 输出三态门，将 ALU 输出送到数据总线 DBUS 上。注意，任何时候 DBUS 上只能有一个数据；

（4）OC 送出控制信号，将 DBUS 上的数据打入到数据缓冲器 DR（10）；

（5）OC 送出控制信号，将 DR 中的数据 10 打入到目标寄存器 A0，A0 的内容由 00 变为 10。至此，MOV 指令执行结束。

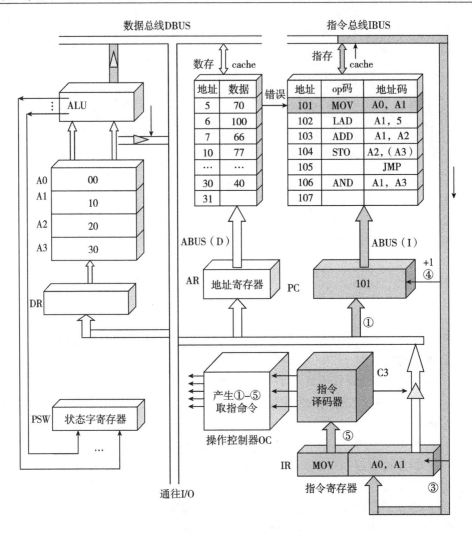

图 6.11　MOV 指令取指令周期

6.2.4　LAD 指令的指令周期

　　LAD 指令是 RS 型指令，它先从指令存储器取出指令，然后从数据存储器 5 号单元取出数据 70 装入通用寄存器 A1，原来 A1 中存放的数据 10 被更换成 70。由于一次访问指存，一次访问数存，LAD 指令的指令周期需要 3 个 CPU 周期，如图 6.13 所示。

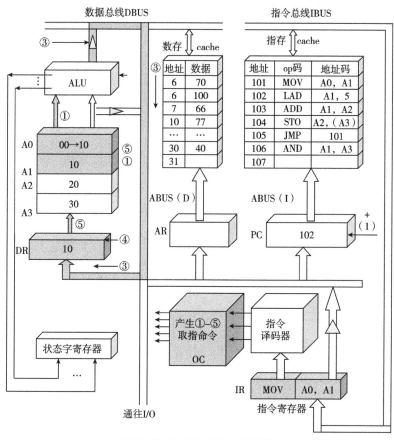

图 6.12 MOV 指令执行周期

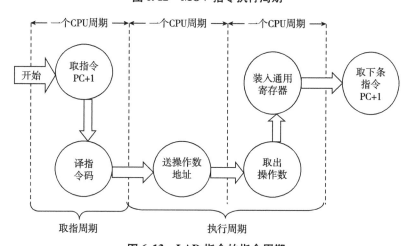

图 6.13 LAD 指令的指令周期

计算机组成原理及应用

6.2.4.1 LAD 指令的取指周期

在 LAD 指令的取指周期中，CPU 的动作完全与 MOV 指令取指周期中一样，只是 PC 提供的指令地址为 102，按此地址从指令存储器读出"LAD A1，5"指令放入 IR 中，然后讲 PC＋，使 PC 内容变成 103，为去下条 ADD 指令做好准备。

其他 ADD、STO、JMP 三条指令的取指周期中，CPU 的动作完全与 MOV 指令一样，不再细述。

6.2.4.2 LAD 指令的执行周期

LAD 指令的执行周期如图 6.14 所示。CPU 执行动作如下：

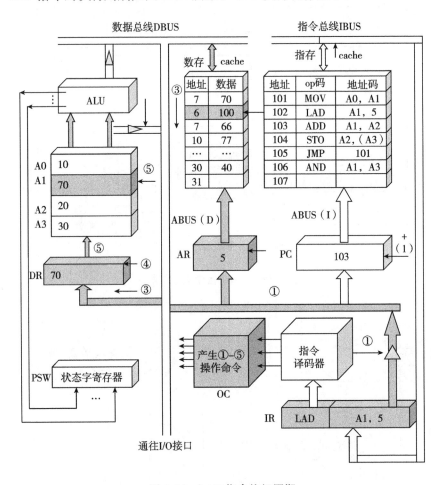

图 6.14 LAD 指令执行周期

（1）操作控制器 OC 发出控制命令打开 IR 输出三态门，将指令中的直接地址码 5 放到数据总线 DBUS 上；

· 180 ·

（2）OC 发出操作吗命令，将地址码 5 装入数存地址寄存器 AR；

（3）OC 发出读命令，将数存 5 号单元中的数 70 读出到 DBUS 上；

（4）OC 发出命令，将 DBUS 上的数据 70 装入缓冲寄存器 DR；

（5）OC 发出命令，将 DR 中的数 70 装入通用寄存器 A1，原来 A1 中的数 10 被冲掉。至此，LAD 指令执行周期结束。

注意，数据总线 DBUS 上分时进行了地址传送和数据传送，所以需要 2 个 CPU 周期。

6.2.5　ADD 指令的指令周期

ADD 指令时 RR 型指令，在运算器中用两个寄存器的数据进行加法运算。

（1）操作控制器 OC 送出控制命令到通用寄存器，选择 A1 做源寄存器，A2 做目标寄存器；

（2）OC 送出控制命令到 ALU 做 A1（70）和 A2（20）的加法操作；

（3）OC 送出控制命令，打开 ALU 输出三态门，运算结果 90 放到 DBUS 上；

（4）OC 送出控制命令，将 DBUS 上数据打入缓冲寄存器 DR；ALU 产生的进位信号保存状态字寄存器在 PSW 中。

（5）OC 送出控制命令，将 DR（90）装入 A1，A2 原来的内容 20 被冲掉，至此，ADD 指令执行周期结果。

6.2.6　STO 指令的指令周期

STO 指令是 SR 型指令，它先访问指存取出 STO 指令，然后按（A3）= 30 地址访问数存，将（A2）= 90 写入到 30 号单元，由于一次访问指存，一次访问数存，因此指令周期需 3 个 CPU 周期，其中执行周期为 2 个 CPU 周期。

（1）操作控制器 OC 送出操作指令到通用寄存器，选择（A3）= 30 做数据存储器的地址单元；

（2）OC 送出控制命令，打开通用寄存器输出三态门（不经 ALU 以节省时间），将地址 30 放到 DBUS 上；

（3）OC 发出操作命令，将地址 30 打入 AR，并进行数存地址译码；

（4）OC 发出操作命令，打开通用寄存器输出三态门，将数据 90 放到 DBUS 上。

（5）OC 发出操作命令，将数据 90 写入数存 30 号单元，它原先的数据 40 被冲掉。至此，STO 指令执行周期结束。

注意，DBUS 是单总线结构，先送地址（30），然后送数据（90），必须分时传送。

计算机组成原理及应用

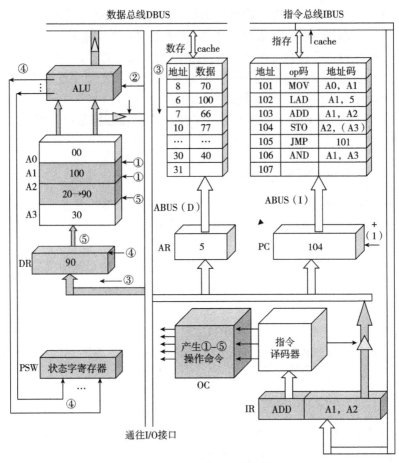

图 6.15　ADD 指令执行周期

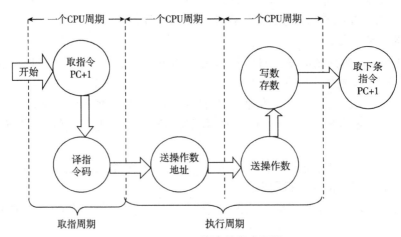

图 6.16　STO 指令的指令周期

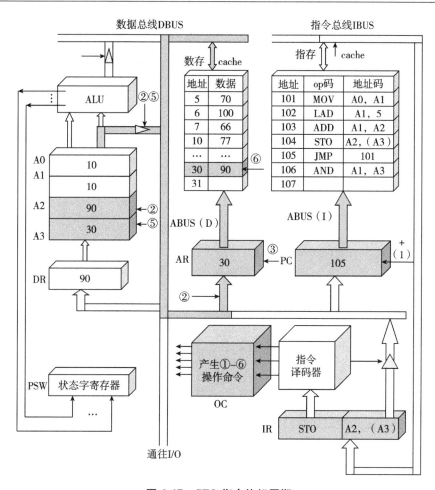

图 6.17　STO 指令执行周期

6.2.7　JMP 指令的指令周期

JMP 指令是一条无条件转移指令，用来改变程序的执行顺序。指令周期为两个 CUP 周期，其中取指周期为一个 CPU 周期，执行周期为 1 个 CPU 周期。

（1）OC 发生操作控制命令，打开指令寄存器 IR 的输出三态门，将 IR 中的地址码 101 发送到 DBUS 上。

（2）OC 发出操作控制命令，将 DBUS 上的地址码 101 打入程序计数器 PC 中，PC 中的原先内容 106 被更换。于是下一条指令不是从 106 号单元取出，而是转移到 101 号单元取出。至此，JMP 指令执行周期结束。

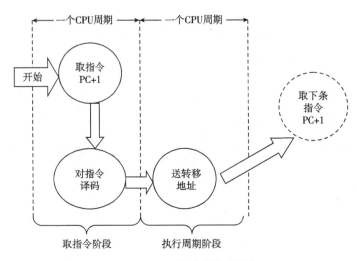

图 6.18 STO 指令的指令周期

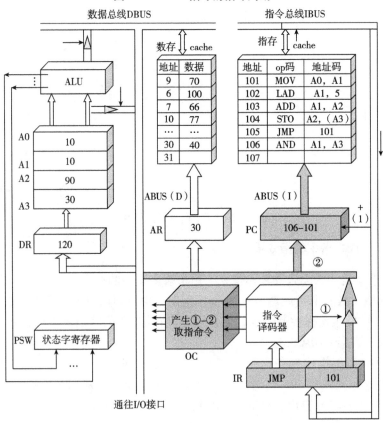

图 6.19 JMP 指令执行周期

6.3 时序信号的产生与控制方式

计算机的工作需要分步地执行，为此需要引入有关系统执行的时间标志，即时序信号。时序信号主要反映在什么时间段、什么时刻，发生了什么操作，类似于交通指挥中心的作用。有了时序信号，才能将计算机的操作安排在不同时间段中有序地完成。为了形成控制流，在时序方面有三个问题需要考虑：

（1）操作与时序信号之间的关系，即时序控制方式；

（2）操作指令之间的衔接方式；

（3）如何形成所需的时序信号，即时序系统。时序系统是控制器的心脏，其功能是根据指令的执行提供各种定时信号。由于各种指令的操作功能不同，因此各种指令的指令周期不尽相同。每一条计算机指令都可以再分为更细的操作，我们称之为微操作，每个操作都会占用一定的 CPU 时间，我们称之为机器周期，又称之为工作周期或基本周期。

CPU 在把各指令分成微操作时，各微操作的执行是有顺序的（即一个微操作必须要等待另一个微操作执行完才可以执行）。但是控制器只会发出微操作指令，叫各个部件去完成，它要怎么知道这个操作什么时候完成。这就引入了时序信号，时序信号是一个用来确定时段执行哪些微操作的标志。它规定这个微操作的发生时间。

由于各个机器周期完成的任务不同，机器周期可以设计成不定长度的，也可以设计成定长度的。前者没有时间的浪费，但控制比较复杂；后者控制简单，一个计算机以内存的工作周期（存取周期）来规定机器周期，但对不需要访问内存的造作会造成时间上的浪费。

CPU 的任何操作都是在时钟脉冲的统一控制下一步步地进行的。时钟脉冲信号的间隔时间称为时钟周期，时钟周期是 CPU 基本计量单位，其长度由主频决定，时钟脉冲频率越高，时钟周期就越短。在微型计算机中，CPU 与外部系统（内存或外设）信息交换都是通过总线进行的，因此，将 CPU 一次访问（即读或写）内存或外设所花费的时间，称为总线周期。

时序信号的控制方式

控制器控制一条指令运行的过程是依次执行一个确定的微操作序列的过程，无论在微程序控制或硬布线控制的计算机中都是这样的。由于不同指令所对应的微操作数不一样，因此每条指令和每个微操作所需的执行时间也不相同，如何形成不同微操作序列的时序控制信号有多种方法，称为控制器的控制方式，常用的有同步控制方式、异步控制方式和同异步联合控制方式。

6.3.1.1　同步控制方式

同步控制方式又称为固定时序控制方式。任何指令的执行或指令中每个微操作的执行都受事先安排好的时序信号的控制。在程序运行时任何指令的执行或指令中每个微操作的执行都受事先确定的时序信号所控制。每个时序信号的结束就意味着一个微操作成一条指令已经完成，随即开始执行后续的微操作成自动转向下条指令的运行。每个周期状态中产生统一数目的节拍电位及时标工作脉冲。以最复杂指令的实现需要为基准。

同步控制方式的基本特征是将操作时间划分为许多时钟周期，长度固定，每个时钟周期完成一次操作，如一次移位。假如采用半导体存储器，存取时间固定，那么这条指令的 4 个工作步骤（取指、计算地址、取数、执行）所需的时间都是确定的，因此可以采用同步工作方式。CPU 则按照统一的时钟周期来规定指令的执行时间。各项操作应在规定的时钟周期内完成。

时钟周期提供了加法运算的时间段，即时间分配。假如在任何情况下，一条已定的指令在执行时所需的机器周期数和时钟周期数都是固定不变的。则称为同步控制方式。例如，由于进位传递的延迟，加法运算各位形成稳定的和值需要一定时间，而且先后不齐，但将稳定的和值打入结果寄存器的时刻是严格定时的。然而，假如存储器的存取时间不固定，例如在计算机中采用多个存取时间不一的存储器，除非我们把最长的存取时间作为取指或取数周期。仍能采用同步控制方式以外，在其他情况下，由于取指或取数周期将不再是一成不变的。因此取指或取数操作就不能采用同步控制方式。

根据不同的情况，同步控制方式可以选取如下方案：

（1）采用完全统一的机器周期（或节拍）执行各种不同指令，采取统一的，具有相同时间间隔和相同数目的节拍作为机器周期。对于那些比较简单的微操作在时间上会造成浪费。

（2）采用不同节拍的机器周期，以解决微操作执行时间不统一的情况。通常把大多数微操作安排在一个较短的机器周期内完成，而对某些复杂的微操作，则采取延长机器周期或增加节拍数的方法解决。

（3）采用中央控制和局部控制相结合的方法。各部件间的协调在一个 CPU 的内部，通常只有一组统一的时序信号系统，将机器的大部分指令安排在一个统一的较短的机器周期内完成，称为中央控制，CPU 内部部件间的传送也就由这组统一的时序信号同步控制。另外将少数操作复杂的某些指令中的微操作另行处理称为局部控制，例如乘法操作、除法操作或浮点运算等。

同步控制方式的优点是时序关系比较简单，控制部件在结构上易于集中，设计方便。因此，在 CPU 内部以及其他部件设备的内部，广泛应用同步控制方式。在系统总线上，如果各部件、设备间的传输距离不是很远，执行速度的差异不大，或者传输时间较为固定，则也广泛采用同步控制。同步控制方式的缺点是在时间安排不经济。因为各项操作所需的时间不同，如果安排在统一而固定的时钟周期内完成，势必要根据最长操作所需时间来设计时钟周期操作宽度；对于所需时间较短的操作来讲，就存在时间上的浪费。这一点对系统总线的操作可能严重一些，因为系统总线所连接的各设备间，差异可能较大。

6.3.1.2　异步控制方式

异步控制方式又称为可变时序控制方式或应答控制方式。各项操作按其需要选择不同的时间，执行一条指令需要多少节拍，不受统一的时钟周期（节拍）的约束，而是根据每条指令的具体情况而定，需要多少，控制器就产生多少时标信号，是各操作之间与各部件之间的信息交换采取应答方式。

异步控制方式的基本特征是：每一条指令执行完毕后都必须向控制时序部件发回一个回答信号，控制器收到回答信号后，才开始下一条指令的执行。在异步控制所涉及的范围内，没有统一的时钟周期划分与同步定时脉冲。例如，从 CPU 输出到某一外围设备，如果所需的传送时间长，则占用的时间就长些；如果所需的时间较短，则所占用的时间也就较短。即时间较灵活，不以时钟周期为准。使得指令的运行效率高，既然时序系统需要对传送操作事先安排固定的时间，就无法确定操作时间的开始与结束。这就需要采取应答方式。

异步工作方式一般采用两条定时控制线来实现。我们把这两条线称为"请求"线和"回答"线。当系统中两个部件 A 和 B 进行数据交换时，若 A 发出"请求"信号，则必须有 B 的"回答"信号进行应答，这次操作才是有效的，否则无效。用这种方式所形成的微操作序列没有固定购用期节拍和严格的时钟同步。

异步控制方式的优点是时间紧凑，能按不同部件、设备的实际需要分配时间；缺点是实现异步应答所需的控制比较复杂。因此，很少在 CPU 内部或设备内部采用异步控制，而是将它应用于系统总线操作控制。因为系统总线所连接的各种设备，其工作速度差异可能较大；在它们之间或与 CPU 之间进行传送，所需时间也有较大差别；甚至所需操作时间不太固定，因而不便预估，则采用异步方式比较恰当。

6.3.1.3　同步、异步联合控制方式

同步控制和异步控制相结合的方式即联合控制方式，区别对待不同指令。即

大部分微操作安排在一个固定机器周期中，并在同步时序信号控制下进行；而对那些时间难以确定的微操作则以执行部件送回的"回答"信号作为本次微操作的结束。即在功能部件内部采用同步式，而在功能部件之间采用异步式，并且在硬件实现允许的情况下，尽可能多地采用异步控制。

不同指令所需的执行时间可能不同，甚至差别较大，为它们规定同样的时间显然是不恰当的。例如系统总线上有一种三脉冲总线请求应答方式：如某设备申请使用总线，则发出请求脉冲；经过一到几个时钟周期，CPU通过同一条线发出响应脉冲；之后的下一个时钟周期起，CPU脱离总线，允许申请者使用总线；经过几个时钟周期，结束使用，该设备仍通过同一总线向CPU发出释放脉冲，表示释放总线；从下一个时钟周期起，CPU恢复总线控制权。由于以统一的固定时钟周期作为时序基础，应当视为同步控制方式的范畴。但这种"请求—响应—释放"的应答方式，以及应答过程中时间可随需要而变化，则应当属于异步应答思想。因此强调指出，在实际应用中常采取两种控制方法相结合的策略。

6.4 微程序控制器的组成与设计

6.4.1 微程序控制的基本组成及原理

6.4.1.1 微程序控制的概念

最早是由英国剑桥大学的威尔克斯在1951年提出的，经历种种演变，在只读存储器技术成熟后得到了非常广泛的应用。其基本思想为一方面将控制器所需的微命令，以代码（微码）形式编成微指令，存入一个只读存储器中。在CPU执行程序时，从控制存储器中取出微指令，其所包含的微命令控制有关操作。与组合逻辑控制方式不同，它由存储逻辑事先存储与提供微命令。另一方面可将各种机器指令的操作分解为若干微操作序列。每条微指令包含微命令控制，实现一步操作。最终编制出一套完整的微程序，事先存入控制存储器中。

一台数字机基本上可以划分两大部件——控制部件和执行部件。二者之间的控制联系时怎么样的呢？下面先介绍几个名词。

（1）控制存储器：微程序是存放在存储器中的，由于该存储器主要存放控制命令（信号）与下一条执行的微指令地址（简称为下址），所以称为控制存储器。从控制存储器的组织角度讲，每个单元存放一条微指令。由于机器内控制信号数量比较多，再加上决定微指令地址的地址码有一定宽度，所以控制存储器的字长比机器字长要长得多。

（2）微指令：在微程序控制的计算机中，将由同时发出的控制信号所执行的一组微操作称为微指令，所以微指令就是把同时发出的控制信号的有关信息汇集起来而形成的。从控制的角度，每个微周期的操作所需的微命令（全部或大部分）组成一条微指令。

（3）微命令：构成控制信号序列的最小单位称为微命令，又称微信号，通常是指那些直接作用于部件或控制门电路的命令，例如打开或关闭某传送通路的电位命令，或是对触发器或寄存器进行同步打入、置位、复位的控制脉冲。

（4）微操作：由微命令控制实现的最基本的操作称为微操作，如开门、关门、选择、打入等。机器指令操作码所表示的往往是一种相对大一些的操作，如加法运算。它的实现要依靠建立相应的数据通路，如打开一些门、发出相应的打入脉冲等，即分割为一些更基本的微操作。

（5）微程序：广系列微指令的有序集合称为微程序，用来解释执行机器指令。执行一条指令实际上就是执行一段存放在控制存储器中的微程序。

（6）微周期：从控制存储器中读取一条微指令并执行相应的一步操作所需的时间，称为一个微周期或微指令周期。通常一个时钟周期为一个微周期。

6.4.1.2　微指令控制器的基本组成

（1）最核心的部分是控制存储器：用来存放微程序。

（2）微指令寄存器 mIR：用来存放从控制存储器中取得的微指令。

（3）微地址形成部件 mAG：用来产生机器指令的首条微指令地址和后续地址。

（4）微地址寄存器 mAR：接收微地址形成部件送来的微地址。

微指令控制器结构如图 6.20 所示。

6.4.1.3　微程序控制的基本原理

微程序控制技术被广泛应用的原因有灵活性高、可靠性高，可利用性及可维护性（简称 RAS 技术），大大优化了硬件控制技术。也就是说，在 A1 机器上使用 A2 机器语言编写程序并运行，从用户角度来看，A1 和 A2 无区别，要能做到这一点，只有机器具有控制存储器的微程序设计结构才行。

微程序控制器的工作过程实质上就是在微程序控制器的控制之下，计算机执行机器指令的过程，当指令取入 IR 中以后，根据操作码进行译码，得到相应指令的第一条微指令的地址。之后，都由微指令的地址字段指出下一条微指令的地址。指令译码部件可用只读存储器组成，将操作码作为只读存储器的输入地址，该单元的内容即为相应的微指令在控制存储器中的地址，从控制存储器中运行取指令微程序，完成从主存储器中取得机器指令的工作，根据机器指令的操作码，

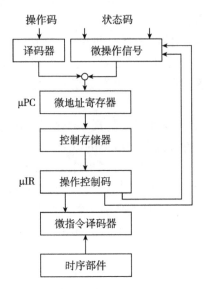

图 6.20　微指令控制器结构

得到相应机器指令的微程序入口地址，然后逐条取出微指令，完成相关微操作控制，接下来执行一条机器指令。微指令分成两部分。产生控制信号的部分一般称为控制字段，产生地址的部分称为地址字段。

6.4.2　微程序设计技术及应用

微程序控制技术在现今计算机设计中得到广泛的采用，其实质是用程序设计的思想方法来组织操作控制逻辑。微程序控制计算机的基本工作原理，目的是说明在计算机中程序是如何实现的以及控制器的功能。在实际进行微程序设计时，还应关心下面三个问题：

（1）如何缩短微指令字长；

（2）如何减少微程序长度；

（3）如何提高微程序的执行速度。

这也是在本节所要讨论的微程序设计技术。

字段间接编译法是在字段直接编译法的基础上，进一步缩短微指令字长、组合零散微命令的一种编译法。如图 6.21（b）所示。如果在字段直接编译法中，还规定一个字段的某些微命令，要兼由另一字段中的某些微命令来解释，称为字段间接编译法。其特点是如果一个字段的含义不仅决定于本字段编码，还由其他字段参与解释，即一种字段编码具有多重定义。这种方法能使微指令编码更为灵活多样化，可进一步提高信息的表示效率。例如用微指令中的一位或一个触发器去定义另一字段的类型。

表 6.2 微程序控制方法和组合逻辑控制方法比较

比较 方法	实现方式	性能差别	诊断能力
微程序控制 方法	规整，增、删、改等 操作较容易	在同样的半导体工艺条件下，微程序控制的速度比组合 逻辑控制方式的速度低，这是因为执行每条微指令都要 从控制存储器中读取一次，影响了速度。	诊断能力强
组合逻辑 控制方法	零乱且复杂，当修改 指令或增加指令时非 常麻烦，有时甚至没 有可能	而组合逻辑控制方式取决于电路延迟，因而在超高速计 算机中，对影响速度的关键部分，例如 CPU，往往采用 组合逻辑控制方法。近年来在一些新型计算机结构中如 RISC 结构，一般选用组合逻辑方法。	诊断能力弱

这种编译法适用于把那些不同类型的，不常用的，但数量又可观的"零散"的微命令编入少数几个字段之中，以减少微指令字的长度，组合编译更多的微命令。

前面三种最基本的微指令编码方法，实际机器中常混合使用。即有些字段采用不译法，有些字段为单重定义的直接编译法，有些字段则采用间接编译法。如图 6.21 (c) 所示。

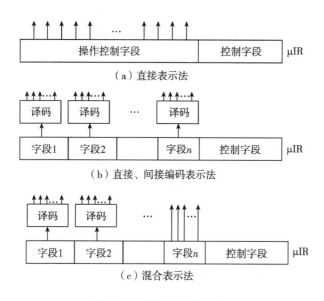

（a）直接表示法

（b）直接、间接编码表示法

（c）混合表示法

图 6.21 微指令的设计方法

6.4.3 微程序指令格式

微指令的格式大体上可分成水平型微指令和垂直型微指令两类。微指令的编译法是决定微指令格式的主要因素，在设计计算机时考虑到速度价格等因素采用不同的编译法，即使在一台计算机中，也有几种编译法并存的局面存在。

6.4.3.1 水平型微指令

如果每条微指令能定义并执行几种并行的基本操作，例如一次就能让两组或两组以上信息从各自的源部件传送至它们的目的部件，则是典型的水平型微指令。这种微指令包含的微命令较多，相应的位数较多，水平方向指令较长，为实现同等功能所需的微程序较短。因此称这样的微指令与微程序为水平型微指令。其主要是采用直接控制法进行编码的，属于水平型微指令的典型例子，其基本特点是在一条微指令中定义并执行多个并行操作微命令。在实际应用中，直接控制法、字段编译法（直接、间接编译法）经常应用在同一条水平型微指令中。从速度来看，直接控制法最快，字段编译法要经过译码，所以会增加一些延迟时间。

6.4.3.2 垂直型微指令

在微指令中设置有微操作码字段，采用微操作码编译法，由微操作码规定微指令的功能，称为垂直型微指令。其特点是不强调实现微指令的并行控制功能，通常一条微指令只要求能控制实现一两种操作。这种微指令格式与指令相似：每条指令有一个操作码；每条微指令有一个微操作码。垂直型微指令如果每条微指令只定义并执行一种基本操作，例如使某组代码从某个源部件传送至一个或数个目的部件，则是典型的垂直型微指令。相应的微指令位数较少（水平方向短），而实现同等功能所需的微程序较长（垂直方向长）。因此，我们称这样的微指令与微程序是垂直型的。

6.4.3.3 水平型微指令与垂直型微指令的比较

水平型微指令的优缺点正好与垂直型相反，即执行效率高（每步能做较多的事），灵活性强，微程序条数少；但微指令长，复杂程度高，设计自动化比较困难。有一些机器采用的微指令，介于二者之间，或者说兼有二者的特点，就称为混合型微指令。若在垂直型的基础上，适当增加一些不太复杂的并行操作，就称为偏于垂直型的混合型微指令。在进行控制器设计时，主要遵循一条原则，即尽可能充分利用数据通路结构的潜力，使每一步操作尽可能多。

（1）水平型微指令执行一条指令的时间短，垂直型微指令执行时间长：因为水平型微指令的并行操作能力强，因此与垂直型微指令相比，可以用较少的微指令数来实现一条指令的功能，从而缩短了指令的执行时间。而且当执行一条微指令时，水平型微指令的微命令一般直接控制对象，而垂直型微指令要经过译码也会影响速度。

（2）水平型微指令并行操作能力强，效率高，灵活性强，垂直型微指令则差：在一条水平型微指令中，设置有控制机器中信息传送通路（门）以及进行所有操作的微命令。因此在进行微程序设计时，可以同时定义比较多的并行操作的微命令，控制尽可能多的并行信息传送，从而使水平型微指令具有效率高及灵活性强的优点。

在一条垂直型微指令中，一般只能完成一个操作，控制一两个信息传送通路，因此微指令的并行操作能力低，效率低。

（3）水平型微指令用户难以掌握，而垂直型微指令与指令比较相似，相对来说，比较容易掌握。

（4）由水平型微指令解释指令的微程序，具有微指令字比较长，但微程序短的特点。垂直型微指令则相反，微指令字比较短而微程序长。

水平型微指令与机器指令差别很大，一般需要对机器的结构、数据通路、时序系统以及微命令很精通才能进行设计。对机器已有的指令系统进行微程序设计是设计人员而不是用户的事情，因此这一特点对用户来讲并不重要。

6.4.4　硬布线控制器

硬布线控制器的基本原理是逻辑电路以使用最少元件和取得最高操作速度作为设计目标。操作控制信号的产生，由 IR 中现行指令码的功能特性、控制时序部件产生的定时信号、其他部件送来的状态标志信息（S）及条件码置位情况等因素决定。

微操作控制信号就是在以上输入条件综合决定下的逻辑函数，即 $C_i = F$ [（1），（2），（3）]。随机逻辑控制设计步骤：

（1）编制各条指令的操作流程。尽量注意各类指令执行时的共性要求。在不影响逻辑正确的前提下，把共性操作尽量安排在相同的控制时序阶段中。

（2）编排微操作时序表。操作时序表，通常是一张两维的表格，x 方向是 3 级时序，y 方向是指令，x，y 坐标交点（x_i，y_i）是要执行的微操作控制。

（3）对微操作时序进行逻辑综合，化简。根据微操作时序表可以写出各操作控制的逻辑函数表达式。

（4）电路实现。按照最后得到的逻辑表达式组，可用一系列组合逻辑电路加以实现。

PLA 含义：PLA 称为可编程逻辑阵列。PLA 是由一个"与"阵列和一个"或"阵列构成的。"与"阵列和"或"阵列均可编程，具有"与，或，非"的逻辑控制，均可以用 PLA 结构实现模型机结构。

6.4.4.1　框图

（1）寄存器：R0 ～ R3 是通用寄存器，S，D，T 为 CPU 内部的暂存数据的工作寄存器，分别称为源点寄存器（S）、终点寄存器（D）和临时寄存器（T）。

（2）暂存器：X、Y、Z，其中 X 和 Y 两个暂存器也作为 ALU 的两个输入多路开关使用，可以采用锁定器的方式实现。

（3）单总线结构：PC，PSW 挂在总线上。

6.4.4.2　微操作控制信号

（1）助记符：

R1out：表示将 R1 寄存器中的信息发送出去的微操作控制信号。

R0in：表示将信息接收至 R0 寄存器的微操作信号。

MFC：存储器功能完成信号。

WMFC：等待 MFC 信号。

READ：读存储器微操作。

WRITE：写存储器微操作。

（2）微操作：

控制器中：

（a）IRin；

（b）PCin，PCout；

（c）WMFC；

（d）END：指令工作完成。

运算器中：

（a）X 暂存器接收总线数据控制信号 Xin；

（b）Y 暂存器接收总线数据控制信号 Yin；

（c）Z 暂存器接收，发送控制信号 Zin，Zout；

（d）R0in ～ R3in，R0out ～ R3out；

（e）Sin，Sout，Din，Dout，Tin，Tout；

（f）ALU：ADD，SUB，ADC，…AND，XOR，$1\sum\rightarrow$等；

（g）$0\rightarrow Y$，$R\rightarrow Y$；

（h）$0\rightarrow X$，$R\rightarrow X$；

内存：

（a）READ，WRITE；

（b）内存地址寄存器接收控制信号 MARin；

（c）MDRin，MDRout；

6.4.4.3　指令格式

模型机的寻址方式采用通用寄存器寻址方式，以双操作数指令为例，其指令格式如图 6.22 所示。

OC（4 位）	源点操作数（4 位）	终点操作数（4 位）

图 6.22　指令格式

操作数地址字段由两部分组成：

方式位（2 位）	寄存器编号（2 位）

图 6.23　字段组成

寄存器编号的含义是：

00：R0；

01：R1；

10：R2；

11：R3。

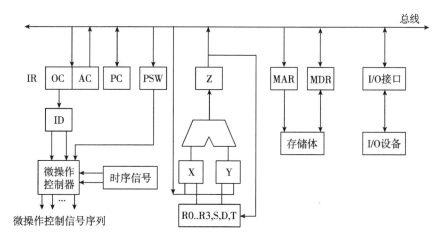

图 6.24　模型计算机框

本章小结

由于控制器是计算机中最复杂的部件，无论是设计或理解都比较困难。最好能从下面几种辅助手段中选择一种来加强学习效果：阅读一台比较简单的机器的逻辑图，或设计并实现若干条指令系统的计算机模型。

为了提高计算机的运行速度，实际的计算机更复杂，近年来，多台计算机或多个运算部件的并行处理系统得到很快的发展，更增加了复杂性。

各台计算机的指令系统以及为实现指令系统功能而进行的逻辑设计、机器的逻辑图、机器的时序、流水线方案等等千差万别、变化多端。所以学习时在弄懂基本原理的基础上要掌握其灵活性。

习　题

一、选择题

1. 累加器中_____。

　A. 没有加法器功能，也没有寄存器功能

　B. 没有加法器功能，有寄存器功能

　C. 有加法器功能，没有寄存器功能

　D. 有加法器功能，也有寄存器功能

2. 通用寄存器_____。

　A. 只能存放数据，不能存放地址

　B. 可以存放数据和地址，还可以代替指令寄存器

　C. 可以存放数据和地址

　D. 可以存放数据和地址，还可以代替 PC 寄存器

3. 在单总线结构的 CPU 中，连接在总线上的多个部件_____。

　A. 只有一个可以向总线发送数据，并且只有一个可以从总线接收数据

　B. 只有一个可以向总线发送数据，但可以有多个同时从总线接收数据

　C. 可以有多个同时向总线发送数据，但只有一个可以从总线接收数据

　D. 可以有多个同时向总线发送数据，并且可以有多个同时从总线接收数据

4. 指令_____从主存中读出。

    A. 总是根据程序计数器 PC

    B. 有时根据 PC，有时根据转移指令

    C. 根据地址寄存器

    D. 有时根据 PC，有时根据地址寄存器

5. 硬连线控制器是一种_____控制器。

    A. 组合逻辑   B. 时序逻辑   C. 存储逻辑   D. 同步逻辑

6. 组合逻辑控制器中，微操作控制信号的形成主要与_____信号有关。

    A. 指令操作码和地址码

    B. 指令译码信号和时钟

    C. 操作码和条件码

    D. 状态信号和条件

7. 微指令中控制字段的每一位是一个控制信号，这种微程序是_____的。

    A. 直接表示   B. 间接表示

    C. 编码表示   D. 混合表示

8. 同步控制是_____。

    A. 只是用于 CPU 控制的方式

    B. 只是用于外围设备控制的方式

    C. 由统一时序信号控制的方式

    D. 所有指令控制时间都相同的方式

9. 微程序控制器中，机器指令与微指令的关系是_____。

    A. 每一条机器指令由一段微指令编成微程序来解释执行

    B. 每一指令由一条微指令来执行

    C. 一段机器指令组成的程序可由一条微指令来执行

    D. 一条微指令由若干条机器指令组成

二、简答题

1. 微程序控制的基本思想是什么？

2. 微程序控制器的特点是什么？

3. 微指令编码有哪 3 种方式？微指令格式有哪几种？微程序控制有哪些特点？

4. 微指令有哪两种格式？它们可产生的控制信号数各是多少？

三、分析设计题

1. 设计一个能产生环形脉冲信号的时序电路，假定各指令的周期数均固定为 5 个时钟周期。

2. 在单总线的 CPU 结构中，如果加法指令中的第二个地址码有寄存器寻址、寄

存器间接寻址和存储器间接寻址这三种寻址方式，并在指令中用代码表示指令的寻址方式，即该指令可实现如下功能：

(1) ADD R_1，R_2；$R_1 + R_2 \rightarrow R_1$

(2) ADD R_1，(R_2)；$R_1 +$ (R_2) $\rightarrow R_1$

(3) ADD R_1，(mem)

试设计执行这条指令的流程图。

第7章 外围设备

了解：常用的外围设备的种类。

输入/输出设备和辅助存储器的分类。

理解：输入/输出设备和辅助存储设备的基本功能。

掌握：常用的输入/输出设备和辅助存储器的基本原理。

知识结构

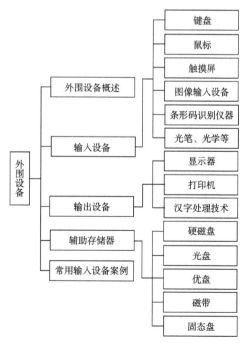

图7.1 外围设备知识结构

导入案例

　　任何一个计算机系统，都是由硬件系统和软件系统组成的。在硬件系统中，除了主机外，必须配备相应的外围设备，计算机系统才能正常地工作。我们在使用计算机系统时，接触最多的就是外围设备，外围设备是计算机和外部世界联系的桥梁，可以为计算机和其他机器之间，以及计算机与用户之间提供联系。将外界的信息输入计算机；取出计算机要输出的信息；存储需要保存的信息和编辑整理外界信息以便输入计算机。没有外围设备的计算机就像缺乏五官四肢的人一样，既不能从外界接受信息，又不能对处理的结果做出表达和反应。随着计算机系统的飞速发展和应用的扩大，系统要求外围设备类型越来越多，外围设备智能化的趋势越来越明显，特别是出现多媒体技术以后。毫无疑问，随着科学技术的发展，提供人—机联系的外围设备将会变成计算机真正的"五官四肢"。

7.1　外围设备概述

　　一个完整的计算机系统包括硬件系统和软件系统两大部分。在计算机硬件系统中，除了 CPU 和内存以外，系统的每一部分都可以看作是一台外围设备。

　　外围设备过去常称作外部设备。在计算机硬件系统中，外围设备是相对于计算机主机而言的。凡在计算机主机处理数据前后，负责把数据输入计算机主机、对数据进行加工处理及输出处理结果的设备都称为外围设备，而不管它们是否受中央处理器的直接控制。一般说来，外围设备是为计算机及其外部环境提供通信手段的设备。

　　外围设备可分为输入设备、输出设备、外存设备、数据通信设备和过程控制设备等几大类。每一种外围设备都是在它自己的设备控制器的控制下进行工作，而设备控制器则通过适配器和主机连接，并受主机控制。

7.2　输入设备

　　输入设备是外界向计算机传送信息的装置。常用的输入设备是键盘，其他输入设备有鼠标、触摸屏、图像输入设备、条形码识别仪、光笔和光学输入设备等。

7.2.1 键盘原理及功能

键盘是常用的输入设备，主要有按键识别、去抖、重键处理、发送扫描码、自动重发、接收键盘命令、处理命令等。计算机的用户编写程序、程序运行过程中所需要的数据以及各种操作命令等都是由键盘输入的。

目前常用的键盘是由一组开关矩阵组成，包括数字键、字母键、符号键、功能键及控制键等。按下一个键就产生一个相应的扫描码。不同位置的按键对应不同的扫描码。当按下某个键时，键盘接口将该键的二进制代码送入计算机主机中，并将按键字符显示在显示器上。当快速大量输入字符，主机来不及处理时，先将这些字符的代码送往内存的键盘缓冲区，然后再从该缓冲区中取出进行分析处理。

键盘接口电路多采用单片微处理器，由它控制整个键盘的工作，如上电时对键盘的自检、键盘扫描、按键代码的产生、发送及与主机的通信等。在键盘中按键数量较多时，为了减少 I/O 口的占用，通常将按键排列成矩阵形式，如图 7.2 所示。

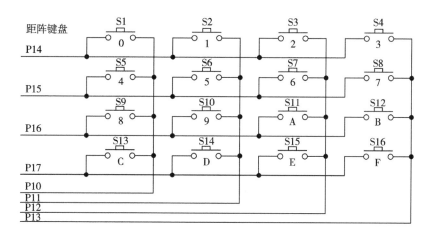

图 7.2 矩阵键盘工作原理

7.2.2 鼠标原理及功能

鼠标器现在也已经成为计算机上普遍配置的输入设备常用的鼠标如图 7.3 所示。

图 7.3 常用的鼠标外观

首先，鼠标按其传统的观点来看分为双键、三键和多键鼠标。其次，鼠标按其接口来分又可分为 COM、PS/2，及 USB 三类。其中 PS/2 和 USB 接口的鼠标是我们比较熟悉的。按照其内部结构又可分为：机械式、机光式和光电式鼠标。最后还有一种叫无线鼠标。

7.2.3 触摸屏原理及功能

触摸屏是计算机的输入设备，与能实现输入的键盘和能点击的鼠标不同，它能让用户通过触摸屏幕来进行选择（如图 7.4 所示）。具有触摸屏的计算机所需的储存空间不大，移动部分很少，而且能进行封装。触摸屏使用起来比键盘和鼠标更为直观，而且成本也很低。

图 7.4 常用的触摸屏外观

所有的触摸屏有三类主要元件。处理用户的选择的传感器单元和感知触摸并定位的控制器，以及由一个传送触摸信号到计算机操作系统的软件设备驱动。触摸屏传感器有五种技术：电阻技术、电容技术、红外线技术、声波技术或近场成像技术。

电阻触摸屏通常包括一张柔性顶层薄膜，以及一层玻璃作为基层，并由绝缘点隔离。每一层的内表面涂层均为透明的金属氧化物。电压在每层隔膜都有一个差值。按压顶层薄膜就会在各个电阻层之间形成电接触信号。

电容触摸屏也由透明金属氧化物作为涂层，与单层的玻璃表面相黏合。它不像电阻触摸屏，任何触摸都会形成信号，电容触摸屏需要与手指直接触摸，或与传导铁笔接触。手指的电容，或是存储电荷的能力，能吸收触摸屏每一个角的电流，并且流经这四个电极的电流与手指到四角的距离成正比，从而得出触摸点。

红外触摸屏基于光线的中断技术。它不是在显示器表面前放置一个薄膜层，而是在显示器周围设置一个外框。外框有光线源，或发光二极管（LED），位于外框的一边，而光线探测器或光电传感器在另一边，一一对应形成横竖交叉的红外线网格。当物体触摸显示屏时，无形的光线中断，光电传感器不能接受信号，从而确定触摸信号。

近场成像（NFI）触摸屏，由两个薄形玻璃层组成，中间是透明金属氧化物涂层。在导点涂层施加一个交流信号，就在屏幕的表面产生一个电场。当手指，戴不戴手套均可，或者是其他导电铁笔接触传感器，电场都产生扰动，从而得到信号。

7.3 输出设备的显示器

显示器又称监视器（Monitor），作为计算机最主要的输出设备之一，显示器是用户与计算机交流的主要渠道。显示器技术的发展历史，大体可以分为 TTL 显示器、模拟显示器、多行频自动跟踪及微电脑控制显示器 3 个阶段。

显示器的主要技术指标：

（1）显示区域尺寸：尺寸是衡量一台显示器显示屏幕大小的重要技术指标，其度量单位为英寸。尺寸大小是指显像管对角尺寸，不是可视对角尺寸，例如 15 英寸显示器的可视对角尺寸实际只有 13.8 英寸。目前市场上常见显示器有 14 英寸、15 英寸、17 英寸、21 英寸、29 英寸等。

（2）点距：距（Dot Pitch）是指显示器荫罩（位于显像管内）上孔洞间的距离，即荫罩上的两个相同颜色磷光点间的距离。点距越小意味着单位显示区内显示像素点越多，显示的图像也就越清晰。

（3）分辨率：分辨率是指屏幕上可以容纳像素点的个数。分辨率越高，屏幕上能显示的像素也就越多，图像也越细腻。分辨率以乘法的形式表示，比如，一个显示器的分辨率为 800×600，那么其中 800 表示屏幕上水平方向显示的像素点个数，600 则表示垂直方向显示的像素点个数。所以在屏幕尺寸相同的条件下，点距越小，分辨率也就越高，行扫描频率越高分辨率也就相应地得到了提高。

（4）场频和行频：场频（Vertical Scan Rate），也称垂直刷新率，它表示屏幕的图像每秒钟重绘的次数。也就是指每秒钟屏幕刷新的次数，以 Hz 为单位。行频又称水平刷新率，它表示显示器从左到右绘制一条水平线所用的时间，以 KHz 为单位。

（5）扫描方式：扫描方式主要分为隔行扫描和逐行扫描两种。隔行是指每隔一行显示一行，到底部后再返回显示刚才未显示的行，而逐行是按顺序显示每一行。逐行扫描比隔行扫描拥有更稳定的显示效果，在相同的分辨率下，隔行扫描显示器的抖动要比逐行显示的明显。现在市场上常见的显示器采用的是逐行扫描。

（6）色温：色温（Color Temperature）是一个源自物理学的概念，它通过温度来描述发光物体的色彩。发光物体光谱的主要频率可以用一定温度下黑体辐射的光谱来描述，这个温度就称为发光物体的色温。现在常见的显示器色温有 5500K、6500K、9300K 等。色温的数值越高，颜色越偏蓝（冷），而色温越低，颜色偏红（暖）。选择什么样的色温不仅与环境和个人喜好有关，还同人的生理特点相关。

（7）调节方式：从早期的模拟式到现在的数码式调节，显示器的调节方式越来越方便，功能也越来越强大。数码式调节与模拟式调节相比，数码式调节对图像的控制更加精确，操作也更加简便，且界面也友好了许多。因此它已经取代了模拟式调节而成为显示器调节方式的主流。数码式调节按调节界面分主要有 3 种：普通数码式、屏幕菜单式和单键飞梭式。

（8）视频带宽：视频带宽指每秒钟电子枪扫描过的总像素数，理论公式：视频带宽＝水平分辨率×垂直分辨率×场频。但通过公式计算出的视频带宽只是理论值，在实际应用中，为了避免图像边缘的信号衰减，保持图像四周清晰，电子枪的扫描能力需要大于分辨率尺寸，水平方向通常大 25%，垂直方向大 8%，所以公式中还应该有一个系数，该系数一般为 1.5 左右，这个系数我们也称它为额外开销。

（9）CRT（Cathode Ray Tub，阴极射线管）涂层：电子束撞击荧光屏和外界光源照射均会使显示器屏幕产生静电、反光、闪烁等现象，不仅干扰图像清晰度，还可能直接危害使用者的视力健康。因此许多 CRT 显示器均附着有表面涂层，以降低不良影响。

（10）绿色功能：带有 EPA（Environmental Protection Agency，美国环保署）即"能源之星"标志的显示器才具有绿色功能。在计算机处于空闲状态时，它会自动关闭显示器内部的部分电路，从而降低显示器的电能消耗，达到节约能源和延长使用寿命的目的。

（11）安全认证：显示器的认证主要有两个，一个是 MPR‑Ⅱ，另一个是 TCO（瑞典专业雇员联盟），这是两个全球著名的认证，其中内容涉及显示器的多个方面，包括现在人们最关心的辐射和环保问题。

7.4　辅助存储器

7.4.1　硬磁盘存储器

磁盘存储器（Magneticdiskstorage）以磁盘为存储介质的存储器。它是利用磁记录技术在涂有磁记录介质的旋转圆盘上进行数据存储的辅助存储器。具有存储容量大、数据传输率高、存储数据可长期保存等特点。在计算机系统中，常用于存放操作系统、程序和数据，是主存储器的扩充。发展趋势是提高存储容量，提高数据传输率，减少存取时间，并力求轻、薄、短、小。磁盘存储器通常由磁盘、磁盘驱动器（或称磁盘机）和磁盘控制器构成。

磁盘存储器利用磁记录技术在旋转的圆盘介质上进行数据存储的辅助存储器。

7.4.2　光盘存储器

光盘存储器是一种采用光存储技术存储信息的存储器，它采用聚焦激光束在盘式介质上非接触地记录高密度信息，以介质材料的光学性质（如反射率、偏振方向）的变化来表示所存储信息的“1”或“0”。由于光盘存储器容量大、价格低、携带方便及交换性好等特点，已成为计算机中一种重要的辅助存储器，也是现代多媒体计算机 MPC 不可或缺的存储设备。

按光盘可擦写性分类主要包括只读型光盘和可擦写型光盘。

只读型光盘所存储的信息是由光盘制造厂家预先用模板一次性将信息写入，以后只能读出数据而不能再写入任何数据。按照盘片内容所采用的数据格式的不同，又可以将盘片分为 CD‑DA、CD‑I、Video‑CD、CD‑ROM、DVD 等。

可擦写型光盘是由制造厂家提供空盘片，用户可以使用刻录光驱将自己的数据刻写到光盘上，它包括 CD‑R、CD‑RW 和相变光盘及磁光盘等。

7.4.3　优盘存储器

U 盘，全称"USB 闪存盘"，英文名"USB flash disk"。它是一个 USB 接口的无须物理驱动器的微型高容量移动存储产品，可以通过 USB 接口与电脑连接，实现即插即用。U 盘的称呼最早来源于朗科公司生产的一种新型存储设备，名曰"优盘"，使用 USB 接口进行连接。USB 接口就连到电脑的主机后，U 盘的资料可与电脑交换。而之后生产的类似技术的设备由于朗科已进行专利注册，而不能再称之为"优盘"，而改称谐音的"U 盘"。后来 U 盘这个称呼因其简单易记而广为人知，而直到现在这两者也已经通用，并对它们不再作区分，是移动存储设备之一。

7.4.4　磁带存储器

磁带存储器（Magnetictapestorage）：以磁带为存储介质，由磁带机及其控制器组成的存储设备，是计算机的一种辅助存储器。磁带机由磁带传动机构和磁头等组成，能驱动磁带相对磁头运动，用磁头进行电磁转换，在磁带上顺序地记录或读出数据。磁带存储器是计算机外围设备之一。磁带控制器是中央处理器在磁带机上存取数据用的控制电路装置。磁带存储器以顺序方式存取数据。存储数据的磁带可脱机保存和互换读出。

磁带存储器属于磁表面存储器。所谓磁表面存储，是用某些磁性材料薄薄地涂在金属铝或塑料表面作载磁体来存储信息。磁带存储器是以顺序方式存取数据。存储数据的磁带可以脱机保存和互换读出。除此之外，它还有存储容量大、价格低廉、携带方便等特点，它是计算机的重要外围设备之一。

7.4.5　固态盘

固态硬盘（Solid State Disk 或 Solid State Drive），也称作电子硬盘或者固态电子盘，是由控制单元和固态存储单元（DRAM 或 FLASH 芯片）组成的硬盘。由于固态硬盘没有普通硬盘的旋转介质，因而抗震性极佳。

固态硬盘的接口规范和定义、功能及使用方法上与普通硬盘的相同，在产品外形和尺寸上也与普通硬盘一致。由于固态硬盘技术与传统硬盘技术不同，所以产生了不少新兴的存储器厂商。厂商只需购买 NAND 存储器，再配合适当的控制芯片，就可以制造固态硬盘了。新一代的固态硬盘普遍采用 SATA-2 接口。

7.4.6　各种辅助存储器的综合比较

硬盘、软盘、磁带和光盘，不仅在记录原理上相类似，而且作为部件来说，它们都包括磁、光、电、精密机械和马达等；作为存储系统，它们都包括控制器及接口逻辑；在技术上，都可采用自同步技术、定位和校正技术以及相类似的读写系统。然而这四种存储器在计算机系统中，还是各有各的特点和功能，有不同的用处。

本章小结

任何一个计算机系统都是由硬件系统和软件系统组成的。在硬件系统中，除了主机外，必须配备相应的外围设备，计算机系统才能正常地工作。外围设备是人和计算机系统的接口，计算机操作者是通过各种外围设备来使用计算机的，外围设备是人类使用计算机的工具和桥梁。因此，外围设备知识是计算机科学和技术领域知识中重要的组成部分，学习计算机科学技术和应用的学生必须具有一定的外围设备知识。21 世纪将是信息化的世纪。进入 21 世纪以后，世界各国加速建设信息化，信息化建设推动了计算机科学技术的发展。随着计算机技术的飞速发展和计算机应用领域的不断拓展，外围设备的品种、类型和数量不断增加，外围设备在计算机硬件系统的成本中所占的比重也不断上升。

通过本章的学习，读者以了解、使用外围设备出发点，对输入设备、输出设备、存储设备等各种类型的外围设备的作用、分类、原理及其发展有一定的认识，重点掌握一些典型设备的组成结构与工作原理。

习　题

一、选择题

1. 在微型机系统中外围设备通过_____与主板的系统总线相连接。

   A. 适配器　　　B. 设备控制器　　　C. 计数器　　　D. 寄存器

2. CRT 的分辨率为 1024×1024 像素，像素颜色数为 256，则刷新存储器像素的容量_____。

   A. 512K　　　　B. 1MB　　　　C. 256KB　　　　D. 2MB

3. CRT 的颜色数为 256 色，那刷新存储器每个单元的字长是_____。

   A. 256 位　　　B. 16 位　　　C. 8 位　　　D. 7 位

4. 显示器得主要参数之一是分辨率，其含义为_____。

    A. 显示屏幕的水平和垂直扫描的频率

    B. 显示屏幕上光栅的列数和行数

    C. 可显示不同颜色的总数

    D. 同一幅画面允许显示不同颜色的最大数目

5. PC 机所配置的显示器，若显示控制卡上刷存容量是 1MB，则当采用 800×600 的分辨率模式时，每个像素最多可以有_____种不同颜色。

    A. 256   B. 65536   C. 16M   D. 4096

6. 若磁盘的转速提高一倍，则_____。

    A. 平均存取时间减半

    B. 平均找到时间减半

    C. 存储密度可以提高一倍

    D. 平均定位时间不变

7. 3.5 英寸软盘记录方式采用_____。

    A. 单面双密度   B. 双面双密度   C. 双面高密度   D. 双面单密度

二、判断题

1. 外围设备位于主机箱的外部。

2. 使用键盘可以方便的输入字符和数字，用鼠标器也可以输入字符和数字。

3. 扫描仪的核心部件是完成光电转换的，称为扫描模组的光电转换部件。

4. 液晶显示器不存在刷新频率和画面闪烁的问题，因此降低了视觉疲劳度。

5. 一个硬盘中只有一个磁头。

6. 在硬盘中，磁头必须接触盘片才能记录数据。

7. 光驱的旋转速度一般以 RPM 来计算，或以倍速来计算。

8. 光盘的直径约为 120mm。

9. CD - R 和 CD - RW 刻录机所使用的盘片都有金盘、蓝盘和绿盘三种。

10. DVD 盘片只能在 DVD 播放设备 DVD 播放机上播放。

11. 一块网卡上一般只有一个网络接口，这个网络接口是 RJ - 45 接口。

12. PC 机目前普遍使用立式机箱，其主要原因是立式机箱和散热性能比卧式机箱好。

13. UPS 中逆变器的作用是变流、滤波、调节和保护，即把直流变成交流电，保证输出电压谐波在允许的范围内。

三、填空题

1. 磁带、磁盘属于_____存储器，特点是_____大，_____低，记录信息_____，但存取速度慢，因此在计算机系统中作为_____的存储器。

2. 磁盘面存储器主要技术指标有_____、_____、_____、_____。

3. 分辨率为 1280×1024 的显示器，若灰度为 256 级，则刷新存储器的容量最小为_____字节。若采用 32 为真彩色方式，则刷新存储器的容量最小为_____字节。

4. 三键鼠标器上有三个键，最左边的是_____键，最右边的键叫_____键，中间的叫_____键。

四、综合应用题

1. 何谓刷新存储器？其存储容量与什么因数有关？假设显示分辨率为 1024×1024，256 种颜色的图像，问刷新存储器的容量是多少？

2. 刷存的主要性能指标是它的宽带。实际工作时显示适配器的几个功能部分要争用刷存的宽带。假定总宽带的 50% 用于刷新屏幕，保留 50% 宽带用于其他非刷新功能。

   （1）若显存工作方式采用分辨率为 1024×768，颜色深度为 3B，帧频（刷新速度）为 72Hz，计算刷存总带宽为多少？

   （2）为达到这样高的刷存宽带，应采用何种技术措施？

3. 彩色图形显示器，屏幕分辨率为 640×480，共有 4 色、16 色、256 色、65536 色等，四种显示模式。

   （1）请给出每个像素的颜色数 m 和每个像素占用的存储器的比特 n 之间的关系。

   （2）显示缓冲存储器的容量是多少？

第8章　输入输出系统

了解：输入输出系统的工作方式、特点。

理解：程序直接控制方式、中断方式、直接存储器访问 DMA 方式、输入输出通道方式、常用的 I/O 接口标准。

掌握：输入输出接口的功能、组成、分类、控制方式、编址方式。CPU 与输入输出设备之间传输数据的方式。

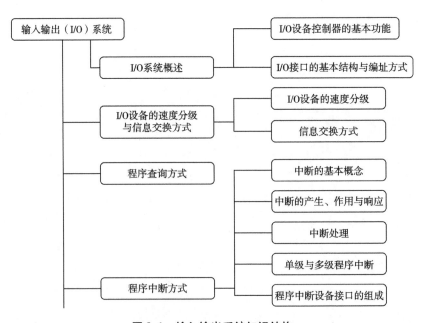

图 8.1　输入输出系统知识结构

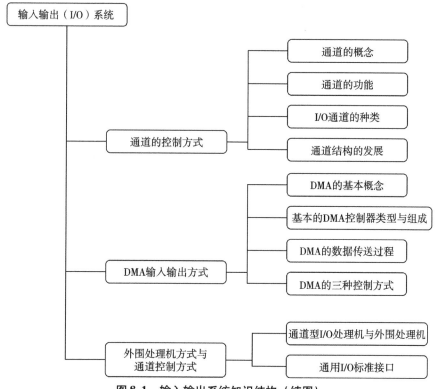

图 8.1 输入输出系统知识结构（续图）

8.1 输入输出系统概述

通常把处理机与主存储器之外的部分统称为输入/输出系统（Input/Output System，简称 I/O 系统）。它是计算机系统的重要组成部分。输入输出系统统称为外部设备。外部设备的种类繁多，有机械式、电子式或其他形式。外设信息也有多种形式，有数字量、模拟量（模拟电压、电流），也有开关量（两个状态的信息）。输入/输出系统的基本功能是：为数据传送操作选择输入/输出设备；在选定的输入/输出设备和 CPU（或主机）之间交换数据。这些功能正是由设备控制器（或称 I/O 接口）的硬件和操作系统软件共同完成的。

8.1.1 输入输出设备控制器的基本功能

为了便于设计和计算机实现，通常将输入/输出设备分为机械部分和电子部分。机械部分为通常意义上的输入/输出设备本身的硬件组成和结构，如打印机、扫描仪等。电子部分为设备控制器，也称作接口。接口是计算机与 I/O 设备或其他系统之间所设置的逻辑控制部件，也称 I/O 控制器。输入/输出设备通过设备控制器进入计算机系统，操作系统通过设备控制器管理设备。

设备控制器（接口）是一个以电路板形式出现的硬件设施，用于完成设备与主机之间的连接和通信。不同的设备需要用不同的设备控制器。在个人计算机和小型计算机中，设备控制器是一块可以插入主板扩展槽的印刷电路板，也称为适配器。今天，常用的设备控制器被集中在主板上。在大型计算机系统中，设备控制器是专门的模块，可以与主板一样，插入计算机主机箱中，也可以单独插入外围机箱中，是用于 I/O 设备与主机连接的主要器件。

8.1.1.1　I/O 设备与主机存在的主要差异包括

（1）信号差异：I/O 设备与主机在信号线的功能定义、逻辑电平定义、电平范围定义以及时序关系等方面可能存在差异。

（2）数据传送格式差异：主机是以并行传送方式在系统总线上传送数据的，而一些 I/O 设备则属于串行设备，只能以串行方式传送数据。

（3）数据传送速度差异：主机的数据传送速度远高于 I/O 设备的数据传送速度。

设置 I/O 设备控制器，主要就是为了进行信号与数据传送格式的转换，并实现数据传送速度的缓冲。

8.1.1.2　I/O 接口具有的功能

（1）控制功能：接口要协助主机完成对 I/O 设备的控制；为此，接口中设置了存放主机命令代码的控制寄存器。

（2）状态反馈功能：接口中设置有状态寄存器，用以存放 I/O 设备反馈的各种工作状态信息。主机通过读取状态寄存器的内容，来了解 I/O 设备当前的工作状态，作为主机实施下一步操作的依据。

（3）数据缓冲功能：为了协调主机与 I/O 设备之间的数据传送速度，双方采用异步联络方式传送数据。为此，接口中设置了数据缓冲寄存器（简称数据寄存器），用于数据暂存。

（4）转换功能：在主机与 I/O 设备之间进行信号转换和数据格式转换（包括并→串和串→并转换，用移位寄存器来完成），起到转换器的作用。

（5）设备选择功能：所谓设备选择，实际上是指主机对 I/O 设备接口中的寄存器的选择。这种选择是通过寄存器地址进行的，因此，接口中需要有地址译码电路，对主机发出的寄存器地址进行译码，以确定主机要访问的寄存器。

（6）中断控制功能：如果主机与 I/O 设备之间需要采用中断方式传送数据，则接口还要具备中断请求、中断响应和中断屏蔽等功能。

8.1.2　输入输出接口的基本结构和编址方式

8.1.2.1　I/O 接口的基本结构

一个 I/O 接口模块一侧是与主机系统总线连接的接口，另一侧是与 I/O 设备连接的接口。接口模块中那些可被主机访问的寄存器通常被称为端口；其中，数据寄存器被称为数据端口，控制寄存器被称为控制端口，状态寄存器被称为状态端口。图 8.2 为 I/O 接口模块的组成框图。

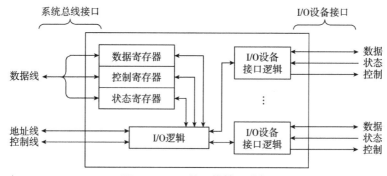

图 8.2　I/O 接口模块组成框

一个 I/O 接口模块可以有多个 I/O 设备接口逻辑，连接多台同类型的 I/O 设备。接口模块与主机一侧的接口为并行接口；与 I/O 设备一侧的接口既有并行接口，也有串行接口。如果是串行接口，则需要有并→串（对输出设备）或串→并（对输入设备）转换的功能。不同类型的 I/O 设备对接口的要求是不同的。因此，没有绝对通用的万能 I/O 接口。

8.1.2.2　I/O 接口的编址方式

在接口电路中通常都具有多个可由 CPU 进行读写操作的寄存器，每个寄存器也叫作“端口”。为了 CPU 便于对 I/O 设备进行寻址和选择，必须给众多的 I/O设备的端口进行编址，也就是给每一台设备规定一些地址码称为设备号或设备代码。随着 CPU 对 I/O 设备下达命令方式的不同而有以下两种寻址方法。

（1）存储器、I/O 接口统一编址：I/O 接口统一编址是指把 I/O 接口与主存单元统一编址，即把 I/O 接口与主存单元编在同一套地址当中。在这样的系统中，直接用访问主存的指令来访问 I/O 接口即可，不需要专门设计访问 I/O 接口的指令。

统一编址方式的优点有访问 I/O 接口的指令种类多，功能齐全，不仅能对I/O接口进行输入输出操作，而且能直接对接口中的数据进行各种处理；可以给I/O 接口以较大的编址空间，这对大型控制系统和数据通信系统很有意义。

统一编址方式的缺点表现在用访问主存的指令访问 I/O 接口，无论是指令格式，还是寻址方式，都比较复杂，执行速度较慢；I/O 接口占据了一部分地址空间，使主存空间减小。

（2）I/O 端口独立编址：是指把所有的 I/O 端口集中起来，单独编一套地址。在该方式下，需设计专门的 I/O 端口访问指令，称为 I/O 指令。I/O 指令通常只包含输入指令和输出指令两类。CPU 通过执行 I/O 指令，来读入外设状态、与外设交换数据或对外设实施控制。

（3）独立编址方式简化了 I/O 指令的功能和寻址方式，缩短了 I/O 指令的长度，加快了 I/O 指令的执行速度。专门的 I/O 指令也使程序的功能更加清晰，有利于程序的理解和调试。此外，I/O 端口独立编址不占用主存的地址空间。例如，IBM PC 等系列机设置有专门的 I/O 指令（IN 和 OUT）。

8.2　输入输出设备的速度分级与信息交换方式

外围设备的种类繁多，从信息传输速率来讲，不同的外设之间存在很大的悬殊，如键盘输入时，每个字符的输入间隔时间可达几秒钟。如果把高速工作的主机同不同速度工作的外围设备相连接，如何保证主机与外围设备在时间上同步？这就是我们要讨论的外围设备的定时问题。

信息交换方式

随着信息交换方式的不同，会涉及两个方面的问题，一方面是支持该方式的硬件组成，即相应的接口电路设计；另一方面是支持该方式的软件配置，即相应的 I/O 程序设计。信息传送的控制方式一般分为：

8.2.1.1　*程序查询方式*

这种方式又称为程序直接控制方式（Programmed Direct Control），数据在 CPU 和外围设备之间的传送完全靠计算机程序控制。当主机执行到某条指令时，发出询问信号，读取设备的状态，并根据设备状态，决定下一步操作，这样要花费很多时间用于查询和等待，效率大大降低。这种控制方式用于早期的计算机。现在，除了在微处理器或微型机的特殊应用场合，为了求得简单而采用外，一般不采用了。

8.2.1.2　*程序中断控制方式*（Program Interrupt Transfer）

程序中断控制方式是外部设备在完成了数据传送的准备工作后，"主动"向 CPU 提出输入数据或接收输出数据的一种方法。当一个中断发生时，CPU 暂停原执行的程序，转向中断处理程序，从而可以输入或输出一个数据。当中断处理完毕后，CPU 又返回到它原来的任务，并从它停止的地方开始执行程序。在这种方式下，CPU 的效率得到提高，这是因为设备在数据传送准备阶段时，CPU 仍在执行原程序；此外，CPU 不再像程序直接控制方式下那样被一台外设独占，它可以同时与多台设备进行数据传送。中断方式一般适用于随机出现的服务，并且一旦提出要求，应立即进行。同程序查询方式相比，硬件结构相对复杂一些，服务开销时间较大。这种方式的缺点是，在信息传送阶段，CPU 仍要执行一段程序控制，还没有完全摆脱对 I/O 操作的具体管理。

8.2.1.3 直接内存访问方式（Direct Memory Access – DMA）

DMA 方式是一种完全由硬件进行成组信息传送的控制方式。它具有程序中断控制方式的优点，即在设备准备数据阶段，CPU 与外设能并行工作。它降低了 CPU 在数据传送时的开销，这是因为 DMA 接替了 CPU 对 I/O 中间过程的具体干预，信息传送不再经过 CPU，而在内存和外设之间直接进行，因此，称为直接内存访问方式。由于在数据传送过程中不使用 CPU，也就不存在保护 CPU 现场，恢复 CPU 现场等烦琐操作，因此数据传送速度很高。其主要优点是数据传送速度很高，传送速率仅受到内存访问时间的限制。这种方式适用于磁盘机、磁带机等高速设备大批量数据的传送。它的硬件开销比较大。DMA 接口中，中断处理逻辑还要保留。不同的是，DMA 接口中的中断处理逻辑，仅用于故障中断和正常传送结束中断时的处理。与中断方式相比，需要更多的硬件。DMA 方式适用于内存和高速外围设备之间大批数据交换的场合。

8.2.1.4 通道方式（Channel Control）

通道是一种简单的处理机，它有指令系统，能执行程序，某些应用中称为输入输出处理器（IOP）。通道方式利用了 DMA 技术，再加上软件，形成一种新的控制方式。它的独立工作的能力比 DMA 强，能对多台不同类型的设备统一管理，对多个设备同时传送信息。CPU 将部分权力下放给通道，它可以实现对外围设备的统一管理和外围设备与内存之间的数据传送，大大提高了 CPU 的工作效率。然而这种提高 CPU 效率的办法是以花费更多硬件的代价来实现的。

8.2.1.5 外围处理机方式（Peripheral Processor Unit—PPU）

外围处理机是通道方式的进一步发展，它的结构更接近于一般的处理机，有时甚至于就是一台微小型计算机。它可完成码制变换、格式处理、I/O 通道所要完成的 I/O 控制，还可完成数据块的检错、纠错等操作。它具有相应的运算处理部件、缓冲部件，可形成 I/O 程序所必须的程序转移等操作。它可简化设备控制器，而且可用它作为维护、诊断、通信控制、系统工作情况显示和人机联系的工具。I/O 处理机能够承担起输入输出过程中的全部工作，完全不需要 CPU 参与。

外围处理机基本上独立于主机工作。在多数系统中，设置多台外围处理机，分别承担 I/O 控制、通信、维护诊断等任务。从某种意义上说，这种系统已变成分布式的多机系统。有了外围处理机后,计算机系统结构有了质的飞跃,由功能集中式发展为功能分散的分布式系统。

8.3 程序查询方式

程序查询方式又叫程序控制 I/O 方式。在这种方式中,数据在 CPU 和外围设备之间的传送完全靠计算机程序控制,是在 CPU 主动控制下进行的。当执行 I/O 时,CPU 暂停执行主程序,转去执行 I/O 的服务程序,根据服务程序中的 I/O 指令进行数据传送。查询方式的接口电路应包括传输数据端口及传输状态端口。当输入信息时,外设准备好后,将数据送入锁存器,并使接口的"准备好"标准置为 1。当输出信息时,外设取走一个数据后,外设将标志位置成"空闲"状态,可接收下一个数据。程序查询方式是利用程序控制来实现 CPU 和 I/O 设备之间的数据传送。其工作步骤为:

(1)先向 I/O 设备发出命令字,请求进行数据传送;

(2)从 I/O 接口读入状态字;

(3)检查状态字中的标志,看看数据交换是否可以进行;

(4)假如这个设备没有准备就绪,则重复进行第②步、第③步,一直到这个设备准备好交换数据,发出准备就绪信号"Ready"为止;

(5)CPU 从 I/O 接口的数据缓冲寄存器输入数据,或者将数据从 CPU 输出至接口的数据缓冲寄存器中。与此同时,CPU 将接口中的状态标志复位。

输入设备在数据准备好后便向接口发出一个选通信号。此选通信号的有两种作用:其一,把外设的数据送到接口的锁存器中;其二,它使接口中的一个状态触发器置 1。程序查询方式方法是主机与外设之间进行数据交换的最简单、最基本的控制方法。优点:较好协调主机与外设之间的时间差异,所用硬件少。缺点:主机与外设只能串行工作主机一个时间段只能与一个外设进行通信,CPU 效率低。

8.4 程序中断方式

8.4.1 程序中断的基本概念

当计算机执行正常程序时,系统中出现某些异常情况或特殊请求,这些情况和请求可能来自计算机内部，也可能来自计算机外部，一旦有上述事件发生，计算机执行正常程序的状态被中断，CPU 要暂停它正在执行的程序，而转去处理所发生的事件；CPU 处理完毕后，自动返回到原来被中断了的程序继续运行。中断实际是程序的切换过程。图 8.3 给出了中断处理过程示意图。主程序只是在设备数据准备就绪时，才去处理进行数据交换。在速度较慢的外围设备准备自己的数据时，CPU 照常执行自己的主程序。CPU 和外围设备的一些操作是并行地进行的，CPU 变主动请求为被动响应后，不需要花时间去查询和等待设备，因此大大提高了 CPU 的效率。

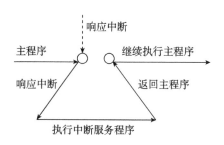

图 8.3　中断处理过程示意

8.4.2　中断的产生、作用与响应

8.4.2.1　中断的产生

（1）中断源：引起中断的原因或者发出中断请求的来源叫作中断源。根据中断源的不同，可以把中断分为硬件中断和软件中断两大类，而硬件中断又可以分为外部中断和内部中断两类。

外部中断一般是指由计算机外设发出的中断请求，如键盘中断、打印机中断、定时器中断等。外部中断是可以屏蔽的中断，是利用中断控制器可屏蔽这些外部设备的中断请求。

内部中断是指因硬件出错（如突然掉电、奇偶校验错等）或运算出错（除数为零、运算溢出、单步中断等）所引起的中断。内部中断是不可屏蔽的中断。软件中断其实并不是真正的中断，它们只是可被调用执行的一般程序。例如：ROM BIOS 中的各种外部设备管理中断服务程序（键盘管理中断、显示器管理中断、打印机管理中断等）都是软件中断。

（2）中断的分级与中断优先权：中断源种类繁多，多个中断源同时提出中断请求，但 CPU 同一时刻只能响应一个请求。因此中断系统必须按照任务的轻重缓急，为每个中断源确定服务的次序，然后 CPU 根据这个次序依次为每个中断源提供服务。所谓优先权是指有多个中断同时发生时，对各个中断响应的优先次序。

8.4.2.2 系统在做优先级规定时，通常遵循以下原则

（1）对提出请求需要 CPU 立刻响应，否则会造成严重后果的中断源，优先级为最高。

（2）对可延迟响应和处理的中断源，优先级较低。

（3）禁止中断和中断屏蔽。

①禁止中断：产生中断源后，由于某种条件的存在，CPU 不能中止现行程序的执行，称为禁止中断。一般在 CPU 内部设有一个"中断允许"触发器。只有该触发器置"1"状态，才允许中断源等待 CPU 响应；如果该触发器被清除，则不允许所有中断源申请中断。前者称为允许中断，后者称为禁止中断。

②"中断允许"触发器通过"开中断""关中断"指令来置位或复位。

③中断屏蔽：当产生中断请求后，用程序方式有选择地封锁部分中断，而允许其余的中断仍得到响应，称为中断屏蔽。实现方法是为每一个中断源设置一个中断屏蔽触发器来屏蔽该设备的中断请求。

8.4.2.3 中断的作用与响应

（1）CPU 与 I/O 设备并行工作：引入中断系统后，可实现 CPU 与 I/O 设备的并行运行，大大提高了计算机的效率。图 8.4 为打印机引起的 I/O 中断时，CPU 与打印机的并行工作时间示意图。从图可以看出，打印机完成一行打印之后，转向 CPU 发送中断信号，若 CPU 响应中断，则停止正在执行的程序转入中断服务程序，将要打印的下一行字发送到打印机控制器并启动打印机工作。然后CPU 又继续执行原来的程序，此时打印机开始了新一行字的打印过程。打印机打印一行字需要几毫秒的时间，而中断处理时间是一般微妙级。

（2）提高了机器系统的可靠性：在计算机工作时，当运行的程序发生错误，或者硬设备出现某些故障时，机器中断系统可以自动发出中断请求，CPU 响应中断后自动进行处理，避免某些偶然故障引起的计算错误或停机，提高了机器系统的可靠性。

（3）便于实现人机联系：在计算机工作过程中，操作人员可用键盘、开关等实现人机联系，完成人的干预控制。利用中断系统实现人机通信是很方便、很有效的。

8.5　通道控制方式

通道是大、中型计算机中常使用的 I/O 技术。随着 IT 技术的进步，通道的设计理念有新的发展，并应用到大型服务器甚至微型计算机中。

8.5.1　通道的概念

I/O 通道（I/O channel）又称通道处理器，是一种能执行有限指令集的专用处理器，它通过执行存储在内存中的固定或由 CPU 设置的通道程序来控制设备的输入输出操作。与 DMA 控制器一样，通道也是一个独立的控制部件，但它比 DMA 控制器更进了一步，一方面它是一个处理器，有有限的指令集，能够执行程序；另一方面它控制灵活，可以适应不同工作方式、不同速度要求和不同数据格式的不同种类的设备的要求。当然，通道处理器还不是一个通用处理器，而是专用于输入输出控制的 I/O 处理器。

通道处理器可以分担 CPU 大部分的 I/O 处理工作，如管理所有低速外围设备的输入输出操作，对 DMA 控制器的初始化工作，控制 DMA 的数据传输、数据格式转换、设备状态检测等，使 CPU 能从烦琐的 I/O 处理中解脱出来，真正发挥其"计算"的能力。

8.5.2　通道的功能

通道的出现进一步提高了 CPU 的效率。因为通道是一个特殊功能的处理器，它有自己的指令和程序专门负责数据输入输出的传输控制，而 CPU 将"传输控制"的功能下放给通道后只负责"数据处理"功能。这样，通道与 CPU 分时使用内存，实现了 CPU 内部运算与 I/O 设备的并行工作。典型的具有通道的计算机系统结构如图 8.4 所示。

一般来讲，通道主要包括寄存器和控制部分。寄存器部分包括数据缓冲寄存器、主存地址寄存器、字计数寄存器、通道命令字寄存器、通道状态寄存器等；控制部分包括分时控制、地址分配、数据传输、数据装配和拆卸等控制逻辑。

该结构具有两种类型的总线，一种是存储总线承担通道与内存、CPU 与内存之间的数据传输任务。另一种是通道总线，即 I/O 总线承担外围设备与通道之间的数据传送任务。这两类总线可以分别按照各自的时序同时进行工作。

可以看出，通道总线可以接若干个设备控制器，一个设备控制器可以接一个或多个设备。使用通道方式组织的输入输出系统，一般采用"主机–通道–设备控制器–I/O设备"四级连接方式。通道对I/O设备的控制通过设备控制器或I/O接口进行。对于不同的I/O设备，设备控制器的结构和功能各有不同，但通道与设备控制器之间一般采用标准I/O接口相连接。通道执行指令产生的控制命令经设备控制器的解释转换成对设备操作的控制，设备控制器还能将设备的状态反映给通道和CPU。

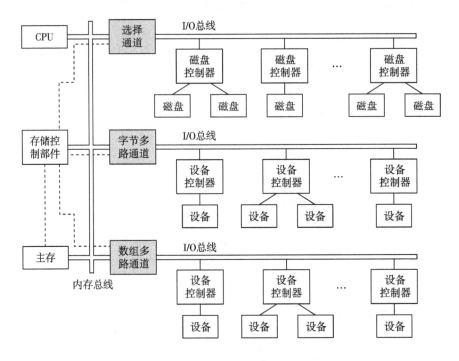

图8.4　通道控制结构

8.6　DMA 输入输出方式

虽然中断控制方式很好地解决了CPU与设备间并行工作的问题，尤其是对于慢速设备来说，采用中断控制方式进行数据传输，可以大大提高CPU的利用率。但是，在中断控制方式下，CPU每经历一次中断，都要进行从中断请求信号的建立、中断源识别、中断响应到中断服务等的操作，在中断服务程序里还要执行一系列的诸如保护现场/恢复现场、开中断/关中断等的指令，这些操作和指令的执行花费了不少时间。对于 CPU 与一些高速设备间采用成组数据交换的应用来说，中断控制方式就有些显得力不从心了。为此，人们提出了一种 DMA 传送控制方式。

8.6.1　DMA 的基本概念

直接内存访问（DMA）是一种完全由硬件执行 I/O 交换的工作方式。在这种方式中，DMA 控制器从 CPU 完全接管对总线的控制，数据交换不经过 CPU，而直接在内存和 I/O 设备之间进行。DMA 方式一般用于高速传送成组数据。DMA 控制器将向内存发出地址和控制信号，修改地址，对传送的字的个数计数，并且以中断方式向 CPU 报告传送操作的结束。

DMA 方式的主要优点是速度快。由于 CPU 根本不参加传送操作，因此就省去了 CPU 取指令、取数、送数等操作。在数据传送过程中，没有保存现场、恢复现场之类的工作。内存地址修改、传送字个数的计数等等，也不是由软件实现，而是用硬件线路直接实现的。所以 DMA 方式能满足高速 I/O 设备的要求，也有利于 CPU 效率的发挥。

DMA 方式一般用于高速传送成组数据的场合。DMA 控制器种类很多，但各种 DMA 控制器至少能执行以下一些基本操作：

（1）从外围设备接收 DMA 请求并传送到 CPU；

（2）CPU 响应 DMA 请求，DMA 控制器从 CPU 接管总线的控制权；

（3）DMA 控制器对内存寻址、计数数据传送个数，并执行数据传送操作；

（4）DMA 向 CPU 报告 DMA 操作的结束，CPU 以中断方式响应 DMA 结束请求，由 CPU 在中断程序中进行结束后的处理工作。如数据缓冲区的处理、数据的校验等简单操作。

8.6.2　基本的 DMA 控制器类型与组成

DMA 控制器是采用 DMA 方式的外围设备与系统总线之间的接口电路，它是在中断接口的基础上再加上 DMA 机构组成的。

8.6.3　DMA 的数据传送过程

DMA 数据传送过程可分为初始化 DMA 控制器、正式传送、传送后的处理的三个阶段。

8.6.3.1　在初始化阶段

CPU 执行几条 I/O 指令，向 DMA 控制器的设备地址寄存器中送入设备号，并启动设备；向主存地址计数器中送入欲交换数据的主存起始地址；向字计数器中送入欲交换的数据个数。外部设备准备好发送的数据（输入）或上次接收的数据已处理完毕（输出）时，将通知 DMA 控制器发出 DMA 请求，申请主存总线。CPU 继续执行原来的主程序。

8.6.3.2　DMA 控制器进入数据传送阶段

经 CPU 启动的外部设备准备好数据（输入）或接收数据（输出）时，它向 DMA 控制器发出 DMA 请求，使 DMA 控制器进入数据传送阶段。该阶段的 DMA 控制器传送数据，当外设发出 DMA 请求时，CPU 在本机器周期结束后响应该请求，并使 CPU 放弃系统总线的控制权，而 DMA 控制器接管系统总线并向内存提供地址，使内存与外设进行数据传送，每传送一个字，地址计数器和字计数器就加 "1"。当计数到 "0" 时，DMA 控制器向 CPU 发出中断请求，DMA 操作结束。

8.6.3.3　DMA 数据传送后的处理工作

CPU 接到 DMA 中断请求后，转去执行中断服务程序，而执行中断服务程序的工作包括：校验送入主存的数据是否正确，决定是否继续用 DMA 传送其他数据块，测试在传送过程中是否发生错误等工作。

8.6.4　DMA 的三种控制方式

DMA 技术的出现，使得外围设备可以通过 DMA 控制器直接访问内存，与此同时，CPU 可以继续执行程序。DMA 控制器与 CPU 分时使用内存通常采用以下三种方法：

8.6.4.1　停止 CPU 访问内存

当外围设备要求传送一批数据时，由 DMA 控制器发，DMA 请求信号给 CPU，要求 CPU 放弃对地址总线、数据总线和有关控制总线的使用权。CPU 收到 DMA 请求后，无条件放弃总线控制权。DMA 控制器获得总线控制权以后，开始进行数据传送。在一批数据传送完毕后，DMA 控制器通知 CPU 可以使用内存，并把总线控制权交还给 CPU。这种方式的优点是控制简单，它适用于数据传输率很高的设备的成批数据传送。缺点是在 DMA 控制器访内阶段，内存的效能没有充分发挥，相当一部分内存工作周期是空闲的。这是因为外围设备传送两个数据之间的间隔一般总是大于内存存储周期，即使高速 I/O 设备也是如此。

8.6.4.2　周期挪用方式

在这种方式中，当 I/O 设备无 DMA 传送请求时，CPU 正常访问主存；当 I/O 设备产生 DMA 请求时，则 CPU 给出 1 个或几个存储周期，由 I/O 设备与主存占用总线传送数据。此时 CPU 可能有两种状况：一种是此时 CPU 正巧不需要访问主存，那么就不存在访问主存的冲突，I/O 设备占用总线对 CPU 处理程序不产生影响；另一种则是 I/O 设备与 CPU 同时都要访问主存而出现访问主存的冲突，此时 I/O 访问的优先权高于 CPU 访问的优先权，所以暂时封锁 CPU 的访问，等待 I/O 的周期挪用结束。周期挪用方式能够充分发挥 CPU 与 I/O 设备的利用率，是当前普遍采用的方式。其缺点是，每传送一个数据，DMA 都要产生访问请求，待到 CPU 响应后才能传送，操作频繁花费时间较多，该方法适合于 I/O 设备读/写周期大于主存存储周期的情况。

8.6.4.3　CPU 与 DMA 交替访问内存

这种方式是当 CPU 周期大于两个以上的主存周期时，才能合理传送，如主存周期为 Δt，而 CPU 周期为 $2\Delta t$，那么在 $2\Delta t$ 内，一个 Δt 供 CPU 访问，另一个 Δt 供 DMA 访问，这种方式比较好地解决了设备冲突及设备利用不充分的问题，而且不需要请求总线使用权的过程，总线的使用是通过分时控制的，此时 DMA 的传送对 CPU 没有影响。

本章小结

通常把处理机和主存储器之外的部分称为输入/输出系统，负责主机与外部的通信。它由外围设备和输入/输出控制系统两部分组成，是计算机系统的重要组成部分。外围设备包括输入设备、输出设备和存储设备等。输入/输出系统的特点是异步性、实时性和设备无关性。输入输出系统的基本功能是：为数据传输操作选择输入输出（I/O）设备；使得选定的输入输出设备和主机之间交换数据。

I/O 组织是指计算机主机与外部设备之间的信息交换方式。随着信息交换方式的不同，会涉及两个方面的问题，一方面是支持该方式的硬件组成，即相应的接口电路设计；另一方面是支持该方式的软件配置，即相应的 I/O 程序设计。

计算机主机与外设之间的信息交换方式有 5 种：①程序查询式；②中断式；③DMA 式；④通道式；⑤外围处理机方式。

从系统结构的观点看，前两种方式是以 CPU 为中心的控制，都需要 CPU 执行程序来进行 I/O 数据传送，而 DMA 式和通道式是以主存储器为中心的控制，数据可以在主存和外设之间直接传送。对于最后一种方式，则是用微型或小型计算机进行输入和输出控制。

习　题

1. I/O 设备的两种编址方式的主要区别是什么？各有什么优缺点？
2. 什么是中断？什么是中断源及种类？
3. 试比较中断和子程序调用的异同；程序中断方式与 DMA 方式的异同；DMA 方式与通道方式的异同。
4. 说明在计算机外围设备的 I/O 控制方式的分类及其特点。

第9章 总线系统

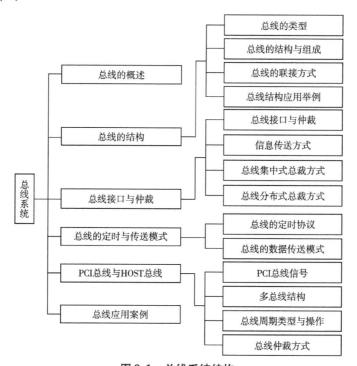

图9.1 总线系统结构

导入案例

早期的电脑和现在可是不太一样！最早的电脑体积庞大，而且都是由真空管和变压器所组成，随着技术不断改进，逐渐发展到印刷电路板的技术。目前的主板都是使用印刷电路板，仔细观察主板后，上面是由密密麻麻的铜线所组成。电脑中大量的数据传输，靠的就是这些复杂的线路。这些负责数据传输的线路叫作"总线"，从主板外接到硬盘等其他组件来传输数据的线路，则称为排线，这两个东西，英文都可称为"BUS"。

我们都知道公共汽车（BUS）走的路线是一定的，我们任何人都可以坐公共汽车去该条公共汽车路线的任意一个站点。如果把我们人比作是电子信号，各个公交站点就是可以比作是计算机的各个部件。这就是为什么英文叫它为"BUS"而不是"CAR"的真正用意。

其实几栋房子间的马路是总线最好的比喻，不论要到哪栋楼，都可以由马路到达。但不同的交通工具就要走不同的道，机动车走机动道，自行车走非机动道，而人就只好走人行道了。同样，计算机中有三种形式的信息：数据信息、地址信息和控制信息。它们分别走不同的线路，就是数据总线，地址总线，控制总线了。ISA 总线，PCI 总线，485 总线，CAN 总线，I2C 总线等你可以理解成不同的材质形成的马路，比如柏油的，水泥的或者是沙石的，但都是马路，都得有机动车道，非机动车道和人行道。

9.1 总线的概述

总线（Bus）是计算机各种功能部件之间传送信息的公共通信干线，它是由导线组成的传输线束，按照计算机所传输的信息种类，计算机的总线可以划分为数据总线、地址总线和控制总线，分别用来传输数据、数据地址和控制信号。

总线是一种内部结构，它是 CPU、内存、输入、输出设备传递信息的公用通道，主机的各个部件通过总线相连接，外部设备通过相应的接口电路再与总线相连接，从而形成了计算机硬件系统。在计算机系统中，各个部件之间传送信息的公共通路叫总线，微型计算机是以总线结构来连接各个功能部件的。

9.2　总线的结构

9.2.1　总线的类型

随着微电子技术和计算机技术的发展，总线技术也在不断地发展和完善，而使计算机总线技术种类繁多，各具特色。下面仅对微机各类总线中目前比较流行的总线技术分别加以介绍。

9.2.1.1　内部总线

（1）I^2C 总线：I^2C（Inter-IC）总线 10 多年前由 Philips 公司推出，是近年来在微电子通信控制领域广泛采用的一种新型总线标准。它是同步通信的一种特殊形式，具有接口线少，控制方式简化，器件封装形式小，通信速率较高等优点。在主从通信中，可以有多个 I^2C 总线器件同时接到 I^2C 总线上，通过地址来识别通信对象。

（2）SPI 总线：串行外围设备接口 SPI（Serial Peripheral Interface）总线技术是 Motorola 公司推出的一种同步串行接口。Motorola 公司生产的绝大多数 MCU（微控制器）都配有 SPI 硬件接口，如 68 系列 MCU。SPI 总线是一种三线同步总线，因其硬件功能很强，所以，与 SPI 有关的软件就相当简单，使 CPU 有更多的时间处理其他事务。

（3）SCI 总线：串行通信接口 SCI（Serial Communication Interface）也是由 Motorola 公司推出的。它是一种通用异步通信接口 UART，与 MCS – 51 的异步通信功能基本相同。

9.2.1.2　系统总线

（1）ISA 总线：ISA（Industrial Standard Architecture）总线标准是 IBM 公司 1984 年为推出 PC/AT 机而建立的系统总线标准，所以也叫 AT 总线。它是对 XT 总线的扩展，以适应 8/16 位数据总线要求。它在 80286 至 80486 时代应用非常广泛，以至于现在奔腾机中还保留有 ISA 总线插槽。ISA 总线有 98 只引脚。

（2）EISA 总线：EISA 总线是 1988 年由 Compaq 等 9 家公司联合推出的总线标准。它是在 ISA 总线的基础上使用双层插座，在原来 ISA 总线的 98 条信号线上又增加了 98 条信号线，在两条 ISA 信号线之间添加一条 EISA 信号线。在实用中，EISA 总线完全兼容 ISA 总线信号。

（3）VESA 总线：VESA（Video Electronics Standard Association）总线是 1992

年由 60 家附件卡制造商联合推出的一种局部总线，简称为 VL（VESA local bus）总线。该总线系统考虑到 CPU 与主存和 Cache 的直接相连，通常把这部分总线称为 CPU 总线或主总线，其他设备通过 VL 总线与 CPU 总线相连，所以 VL 总线被称为局部总线。它定义了 32 位数据线，且可通过扩展槽扩展到 64 位，使用 33MHz 时钟频率，最大传输率达 132MB/s，可与 CPU 同步工作。是高速、高效的局部总线，可支持 386SX、386DX、486SX、486DX 及奔腾微处理器。

（4）PCI 总线：PCI（Peripheral Component Interconnect）总线是当前最流行的总线之一，它是由 Intel 公司推出的一种局部总线。它定义了 32 位数据总线，且可扩展为 64 位。PCI 总线主板插槽的体积比原 ISA 总线插槽还小，其功能比 VESA、ISA 有极大的改善，支持突发读写操作，最大传输速率可达 132MB/s，可同时支持多组外围设备。PCI 局部总线不能兼容现有的 ISA、EISA、MCA（Micro Channel Architecture）总线，但它不受制于处理器，是基于奔腾等新一代微处理器而发展的总线。

（5）Compact PCI：以上所列举的几种系统总线一般都用于商用 PC 机中，在计算机系统总线中，还有另一大类为适应工业现场环境而设计的系统总线，比如 STD 总线、VME 总线、PC/104 总线等。这里仅介绍当前工业计算机的热门总线之一——Compact PCI。

Compact PCI 的意思是"坚实的 PCI"，是当今第一个采用无源总线底板结构的 PCI 系统，是 PCI 总线的电气和软件标准加欧式卡的工业组装标准，是当今最新的一种工业计算机标准。Compact PCI 是在原来 PCI 总线基础上改造而来，它利用 PCI 的优点，提供满足工业环境应用要求的高性能核心系统，同时还考虑充分利用传统的总线产品，如 ISA、STD、VME 或 PC/104 来扩充系统的 I/O 和其他功能。

9.2.1.3 外部总线

（1）RS – 232 – C 总线：是美国电子工业协会 EIA（Electronic Industry Association）制定的一种串行物理接口标准。RS 是英文"推荐标准"的缩写，232 为标识号，C 表示修改次数。RS – 232 – C 总线标准设有 25 条信号线，包括一个主通道和一个辅助通道，在多数情况下主要使用主通道，对于一般双工通信，仅需几条信号线就可实现，如一条发送线、一条接收线及一条地线。RS – 232 – C 标准规定的数据传输速率为每秒 50、75、100、150、300、600、1200、2400、4800、9600、19200 波特。RS – 232 – C 标准规定，驱动器允许有 2500pF 的电容负载，通信距离将受此电容限制，例如，采用 150pF/m 的通信电缆时，最大通信距离为 15m；若每米电缆的电容量减小，通信距离可以增加。传输距离短的另一原因是 RS – 232 属单端信号传送，存在共地噪声和不能抑制共模干扰等问题，因此一般用于 20m 以内的通信。

（2）RS-485 总线：要求通信距离为几十米到上千米时，广泛采用 RS-485 串行总线标准。RS-485 采用平衡发送和差分接收，因此具有抑制共模干扰的能力。加上总线收发器具有高灵敏度，能检测低至 200mV 的电压，故传输信号能在千米以外得到恢复。RS-485 采用半双工工作方式，任何时候只能有一点处于发送状态，因此，发送电路须由使能信号加以控制。RS-485 用于多点互联时非常方便，可以省掉许多信号线。应用 RS-485 可以联网构成分布式系统，其允许最多并联 32 台驱动器和 32 台接收器。

（3）IEEE-488 总线：述两种外部总线是串行总线，而 IEEE-488 总线是并行总线接口标准。IEEE-488 总线用来连接系统，如微计算机、数字电压表、数码显示器等设备及其他仪器仪表均可用 IEEE-488 总线装配起来。它按照位并行、字节串行双向异步方式传输信号，连接方式为总线方式，仪器设备直接并联于总线上而不需中介单元，但总线上最多可连接 15 台设备。最大传输距离为 20 米，信号传输速度一般为 500KB/s，最大传输速度为 1MB/s。

（4）USB 总线：用串行总线 USB（universal serial bus）是由 Intel、Compaq、Digital、IBM、Microsoft、NEC、Northern Telecom7 家世界著名的计算机和通信公司共同推出的一种新型接口标准。它基于通用连接技术，实现外设的简单快速连接，达到方便用户、降低成本、扩展 PC 连接外设范围的目的。它可以为外设提供电源，而不像普通的使用串、并口的设备需要单独的供电系统。另外，快速是 USB 技术的突出特点之一，USB 的最高传输率可达 12Mbps 比串口快 100 倍，比并口快近 10 倍，而且 USB 还能支持多媒体。

9.2.2 总线的连接方式

9.2.2.1 单总线结构

在许多单处理器的计算机中，使用一条单一的系统总线来连接 CPU、主存和 I/O 设备，叫作单总线结构。

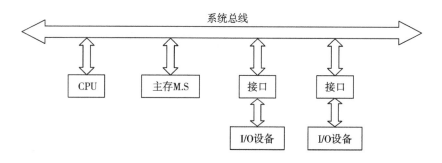

图 9.2 单总线结构

此时要求连接到总线上的逻辑部件必须高速运行，以便在某些设备需要使用总线时能迅速获得总线控制权；而当不再使用总线时，能迅速放弃总线控制权。

（1）取指令：当 CPU 取一条指令时，首先把程序计数器 PC 中的地址同控制信息一起送至总线上。在"取指令"情况下的地址是主存地址，此时该地址所指定的主存单元的内容一定是一条指令，而且将被传送给 CPU。

（2）传送数据：取出指令之后，CPU 将检查操作码。操作码规定了对数据要执行什么操作，以及数据是流进 CPU 还是流出 CPU。

（3）I/O 操作：如果该指令地址字段对应的是外围设备地址，则外围设备译码器予以响应，从而在 CPU 和与该地址相对应的外围设备之间发生数据传送，而数据传送的方向由指令操作码决定。

（4）DMA 操作：某些外围设备也可以指定地址。如果一个由外围设备指定的地址对应于一个主存单元，则主存予以响应，于是在主存和外设间将进行直接存储器传送（DMA）。

（5）单总线结构容易扩展成多 CPU 系统：这只要在系统总线上挂接多个 CPU 即可。

9.2.2.2 双总线结构

这种结构保持了单总线系统简单、易于扩充的优点，但又在 CPU 和主存之间专门设置了一组高速的存储总线，使 CPU 可通过专用总线与存储器交换信息，并减轻了系统总线的负担，同时主存仍可通过系统总线与外设之间实现 DMA 操作，而不必经过 CPU。当然这种双总线系统以增加硬件为代价，如图 9.3 所示。

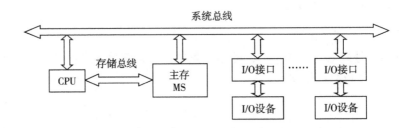

图9.3　双总线结构

9.2.2.3 三总线结构

它是在双总线系统的基础上增加 I/O 总线形成的，如图 9.4 所示。

在 DMA 方式中，外设与存储器间直接交换数据而不经过 CPU，从而减轻了 CPU 对数据输入输出的控制，而"通道"方式进一步提高了 CPU 的效率。通道实际上是一台具有特殊功能的处理器，又称为 IOP（I/O 处理器），它分担了一部分 CPU 的功能，以实现对外设的统一管理及外设与主存之间的数据传送。显然，由于增加了 IOP，使整个系统的效率大大提高。然而这是以增加更多的硬件代价换来的。

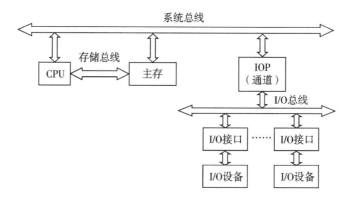

图 9.4　三总线结构

9.3　总线接口与仲裁

9.3.1　总线接口与仲裁的基本概念

9.3.1.1　总线接口

　　总线接口即 I/O 设备适配器，具体指 CPU 和主存、外围设备之间通过总线进行连接的逻辑部件。接口部件在它动态连接的两个部件之间起着"转换器"的作用，以便实现彼此之间的信息传送。图 9.5 为 CPU、接口和外围设备之间的连接关系。

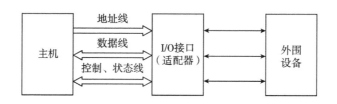

图 9.5　外设和主机的连接方法

为了使所有的外围设备能够兼容，并能在一起正确地工作，CPU 规定了不同的信息传送控制方法。一个标准接口可能连接一个设备，也可能连接多个设备。

典型的接口通常具有如下功能：

（1）控制：接口靠程序的指令信息来控制外围设备的动作，如启动、关闭设备等。

（2）缓冲：接口在外围设备和计算机系统其他部件之间用作为一个缓冲器，以补偿各种设备在速度上的差异。

（3）状态：接口监视外围设备的工作状态并保存状态信息。状态信息包括数据"准备就绪""忙""错误"等等，供 CPU 询问外围设备时进行分析之用。

（4）转换：接口可以完成任何要求的数据转换，例如并——串转换或串——并转换，因此数据能在外围设备和 CPU 之间正确地进行传送。

（5）整理：接口可以完成一些特别的功能，例如在需要时可以修改字计数器或当前内存地址寄存器。

（6）程序中断：每当外设向 CPU 请求某种动作时，接口即发生一个中断请求信号到 CPU。

事实上，一个适配器必有两个接口：一是和系统总线的接口，CPU 和适配器的数据交换一定是并行方式；二是和外设的接口，适配器和外设的数据交换可能是并行方式，也可能是串行方式。根据外围设备供求串行数据或并行数据的方式不同，适配器分为串行数据接口和并行数据接口两大类。

【例1】利用串行方式传送字符，每秒钟传送的数据位数常称为波特。假设数据传送速率是 120 个字符/秒，每一个字符格式规定包含 10 个数据位（起始位、停止位、8 个数据位），问传送的波特数是多少？每个数据位占用的时间是多少？

【解】：波特数为：10 位 × 120/秒 = 1200 波特

每个数据位占用的时间 Td 是波特数的倒数：Td = 1/1200 = 0.833 × 0.001s = 0.833ms

9.3.1.2 总线的仲裁

连接到总线上的功能模块有主动和被动两种形态。

为了解决多个主设备同时竞争总线控制权，必须具有总线仲裁部件，以某种方式选择其中一个主设备作为总线的下一次主方。对多个主设备提出的占用总线请求，一般采用优先级或公平策略进行仲裁。按照总线仲裁电路的位置不同，仲裁方式分为集中式仲裁和分布式仲裁两类。

（1）主方（主设备）——可以启动一个总线周期的功能模块，如 CPU、I/O。

（2）从方（从设备）——被主方指定与其通信的功能模块，如存储器、CPU。

（3）总线占用期——主方持续控制总线的时间。

（4）使用仲裁部件的目的就是为解决多个主设备同时竞争总线控制权。

（5）常用的仲裁策略：

A. 公平策略：在多处理器系统中对各 CPU 模块的总线请求采用公平的原则来处理。

B. 优先级策略：I/O 模块的总线请求采用优先级策略。

（6）仲裁方式分为集中式仲裁和分布式仲裁。

9.3.2　信息传送方式

数字计算机使用二进制数，它们或用电位的高、低来表示，或用脉冲的有、无来表示。

计算机系统中，传输信息采用三种方式：串行传送、并行传送和分时传送。但是出于速度和效率上的考虑，系统总线上传送的信息必须采用并行传送方式。

9.3.2.1　串行传送

当信息以串行方式传送时，只有一条传输线，且采用脉冲传送。在串行传送时，按顺序来传送表示一个数码的所有二进制位（bit）的脉冲信号，每次一位，通常以第一个脉冲信号表示数码的最低有效位，最后一个脉冲信号表示数码的最高有效位。如图 9.6 所示。

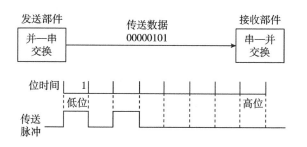

图 9.6　串行传送

在串行传送时，被传送的数据需要在发送部件进行并——串变换，这称为拆卸；而在接收部件又需要进行串——并变换，这称为装配。

串行传送的主要优点是只需要一条传输线，这一点对长距离传输显得特别重要，不管传送的数据量有多少，只需要一条传输线，成本比较低廉。

【例】：假设某串行总线传送速率是 960 个字符/秒，每一个字符格式规定包含 10

计算机组成原理及应用

个数据位，问传送的波特数是多少？每个数据位占用的时间（位周期）是多少？

【解】：波特数为：

10 位/字符 × 960 字符/秒 = 9600（波特）

每个数据位占用的时间 Tb 是波特数的倒数：

Tb = 1/9600 = 0.000104（s）= 104（μs）

9.3.2.2　并行传送

用并行方式传送二进制信息时，对每个数据位都需要单独一条传输线。信息有多少二进制位组成，就需要多少条传输线，从而使得二进制数"0"或"1"在不同的线上同时进行传送。

并行传送一般采用电位传送。由于所有的位同时被传送，所以并行数据传送比串行数据传送快得多。并行传送如图 9.7 所示。

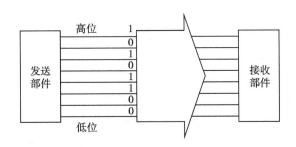

图 9.7　并行传送

9.3.2.3　分时传送

分时传送有两种概念。

一是采用总线复用方式，某个传输线上既传送地址信息，又传送数据信息。为此必须划分时间片，以便在不同的时间间隔中完成传送地址和传送数据的任务。

分时传送的另一种概念是共享总线的部件分时使用总线。

9.3.3　总线集中式仲裁方式

集中式仲裁中每个功能模块有两条线连到中央仲裁器：一条是送往仲裁器的总线请求信号线 BR，另一条是仲裁器送出的总线授权信号线 BG。集中式总线仲裁如图 9.8 所示。

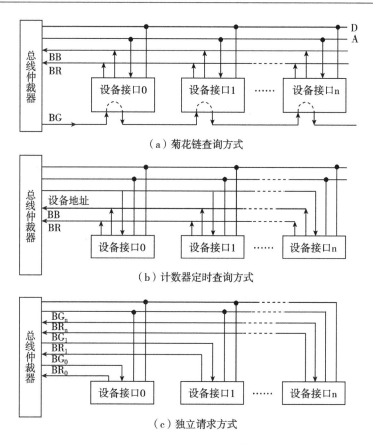

（a）菊花链查询方式

（b）计数器定时查询方式

（c）独立请求方式

图 9.8　集中式总线仲裁方法

（1）链式查询方式：链式查询方式的主要特点：总线授权信号 BG 串行地从一个 I/O 接口传送到下一个 I/O 接口。假如 BG 到达的接口无总线请求，则继续往下查询；假如 BG 到达的接口有总线请求，BG 信号便不再往下查询，该 I/O 接口获得了总线控制权。离中央仲裁器最近的设备具有最高优先级，通过接口的优先级排队电路来实现。

链式查询方式的优点：只用很少几根线就能按一定优先次序实现总线仲裁，很容易扩充设备。链式查询方式的缺点：对询问链的电路故障很敏感，如果第 i 个设备的接口中有关链的电路有故障，那么第 i 个以后的设备都不能进行工作。查询链的优先级是固定的，如果优先级高的设备出现频繁的请求时，优先级较低的设备可能长期不能使用总线。

（2）计数器定时查询方式：总线上的任一设备要求使用总线时，通过 BR 线发出总线请求。中央仲裁器接到请求信号以后，在 BS 线为"0"的情况下让计数器开始计数，计数值通过一组地址线发向各设备。每个设备接口都有一个设备地址判别电路，当地址线上的计数值与请求总线的设备地址相一致时，该设备置"1" BS线，获得了总线使用权，此时中止计数查询。

每次计数可以从"0"开始，也可以从中止点开始。如果从"0"开始，各设备的优先次序与链式查询法相同，优先级的顺序是固定的。如果从中止点开始，则每个设备使用总线的优先级相等。计数器的初值也可用程序来设置，这可以方便地改变优先次序，但这种灵活性是以增加线数为代价的。

（3）独立请求方式：每一个共享总线的设备均有一对总线请求线 BRi 和总线授权线 BGi。当设备要求使用总线时，便发出该设备的请求信号。中央仲裁器中的排队电路决定首先响应哪个设备的请求，给设备以授权信号 BGi。

独立请求方式的优点：响应时间快，确定优先响应的设备所花费的时间少，用不着一个设备接一个设备地查询。其次，对优先次序的控制相当灵活，可以预先固定也可以通过程序来改变优先次序；还可以用屏蔽（禁止）某个请求的办法，不响应来自无效设备的请求。

9.3.4 总线分布式仲裁方式

分布式仲裁不需要中央仲裁器，每个潜在的主方功能模块都有自己的仲裁号和仲裁器。当它们有总线请求时，把它们唯一的仲裁号发送到共享的仲裁总线上，每个仲裁器将仲裁总线上得到的号与自己的号进行比较。如果仲裁总线上的号大，则它的总线请求不予响应，并撤销它的仲裁号。最后，获胜者的仲裁号保留在仲裁总线上。显然，分布式仲裁是以优先级仲裁策略为基础。

作为思考题，读者自行设计分布式仲裁器逻辑电路。

9.4 总线的定时与传送模式

9.4.1 总线的定时协议

总线的一次信息传送过程，大致可分为请求总线、总线仲裁、寻址（目的地址）、信息传送、状态返回（或错误报告）等五个阶段：为了同步主方、从方的操作，必须制定定时协议。

定时：事件出现在总线上的时序关系。

9.4.1.1 同步定时

在同步定时协议中，事件出现在总线上的时刻由总线时钟信号来确定。由于采用了公共时钟，每个功能模块什么时候发送或接收信息都由统一时钟规定，因此，同步定时具有较高的传输频率。同步传送方式如图9.9所示。

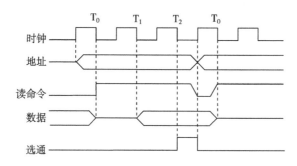

图9.9 同步传送方式

同步定时适用于总线长度较短、各功能模块存取时间比较接近的情况。

9.4.1.2 异步定时

在异步定时协议中，后一事件出现在总线上的时刻取决于前一事件的出现，即建立在应答式或互锁机制基础上。在这种系统中，不需要统一的公共时钟信号。总线周期的长度是可变的。异步传送方式如图9.10所示。

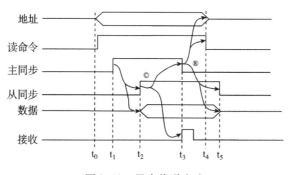

图9.10 异步传送方式

异步定时的优点是总线周期长度可变，不把响应时间强加到功能模块上，因而允许快速和慢速的功能模块都能连接到同一总线上。但这以增加总线的复杂性和成本为代价。

9.4.2 总线的数据传送模式

当代的总线标准大都能支持以下四类模式的数据传送：

9.4.2.1　读、写操作

读操作是由从方到主方的数据传送；写操作是由主方到从方的数据传送。一般，主方先以一个总线周期发出命令和从方地址，经过一定的延时再开始数据传送总线周期。为了提高总线利用率，减少延时损失，主方完成寻址总线周期后可让出总线控制权，以使其他主方完成更紧迫的操作。然后再重新竞争总线，完成数据传送总线周期。

9.4.2.2　块传送操作

只需给出块的起始地址，然后对固定块长度的数据一个接一个地读出或写入。对于 CPU（主方）、存储器（从方）而言的块传送，常称为猝发式传送，其块长一般固定为数据线宽度（存储器字长）的 4 倍。

9.4.2.3　写后读、读修改写操作

只给出地址一次，或进行先写后读操作，或进行先读后写操作。前者用于校验目的，后者用于多道程序系统中对共享存储资源的保护。这两种操作和猝发式操作一样，主方掌管总线直到整个操作完成。

9.4.2.4　广播、广集操作

一般而言，数据传送只在一个主方和一个从方之间进行。但有的总线允许一个主方对多个从方进行写操作，这种操作称为广播。与广播相反的操作称为广集，它将选定的多个从方数据在总线上完成 AND 或 OR 操作，用以检测多个中断源。

本章小结

总线是构成计算机系统的互联机构，是多个系统功能部件之间进行数据传送的公共通道，并在争用资源的基础上进行工作。

总线有物理特性、功能特性、电气特性、机械特性，因此必须标准化。微型计算机系统的标准总线从 SA 总线（16 位，带宽 8MB/s）发展到 EISA 总线（32 位，带宽 33.3MB/s）和 VESA 总线（32 位，带宽 132MB/s），又进一步发展到 PCI 总线（64 位，带宽 264MB/s）。衡量总线性能的重要指标是总线带宽，它定义为总线本身所能达到的最高传输速率。

当代流行的标准总线追求与结构、CPU、技术无关的开发标准。其总线内部结构包含：

（1）数据传送总线（地址线、数据线、控制线组成）；

（2）仲裁总线；

（3）中断和同步总线；

（4）公用线（电源、地线、时钟、复位等信号线）。

计算机系统中，根据应用条件和硬件资源不同，信息的传输方式可采用并行传送、串行传送和复用传送。

各种外围设备必须通过"接口"与总线相连。接口是指 CPU、主存、外围设备之间通过总线进行连接的逻辑部件。接口部件在它动态联结的两个功能部件间起着缓冲器和转换器的作用，以便实现彼此之间的信息传送。

总线仲裁是总线系统的核心问题之一。为了解决多个主设备同时竞争总线控制权的问题，必须具有总线仲裁部件。它通过采用优先级策略或公平策略，选择其中一个主设备作为总线的下一次主方，接管总线控制权。

按照总线仲裁电路的位置不同，总线仲裁分为集中式仲裁和分布式仲裁。集中式仲裁方式必有一个中央仲裁器，它受理所有功能模块的总线请求，按优先原则或公平原则进行排队，然后仅给一个功能模块发出授权信号。分布式仲裁不需要中央仲裁器，每个功能模块都有自己的仲裁号和仲裁器。通过分配优先级仲裁号，每个仲裁器将仲裁总线上得到的仲裁号与自己的仲裁号进行比较，从而获得总线控制权。

总线定时是总线系统的又一核心问题之一。为了同步主方、从方的操作，必须制定定时协议。通常采用同步定时与异步定时两种方式。在同步定时协议中，事件出现在总线上的时刻由总线时钟信号来确定，总线周期的长度是固定的。在异步定时协议中，后一事件出现在总线上的时刻取决于前一事件的出现，建立在应答式或互锁机制基础上，不需要统一的公共时钟信号。在异步定时中，总线周期的长度是可变的。

当代的总线标准大都能支持以下数据传送模式：①读/写操作；②块传送操作；③写后读、读修改写操作；④广播、广集操作。PCI 总线是当前流行的总线，是一个高带宽且与处理器无关的标准总线，又是至关重要的层次总线。它采用同步定时协议和集中式仲裁策略，并具有自动配置能力。PCI 适合于低成本的小系统，因此在微型机系统中得到了广泛的应用。

习 题

一、选择题

1. 在总线上，同一时刻（   ）。

A. 只能有一个主设备控制总线传输操作

B. 只能有一个从设备控制总线传输操作

C. 只能有一个主设备和一个从设备控制总线传输操作

D. 可以有多个主设备控制总线传输操作

2. 数据总线、地址总线、控制总线三类是根据（　　　）来划分的。

　　A. 总线所处的位置

　　B. 总线传送的内容

　　C. 总线的传送方式

　　D. 总线的传送方向

3. 系统总线中地址线的功能是（　　　）。

　　A. 用于选择主存单元地址

　　B. 用于选择进行信息传输的设备

　　C. 用于选择外存地址

　　D. 用于指定主存和 I/O 设备接口电路的地址

4. 系统总线中控制线的功能是（　　　）。

　　A. 提供主存、I/O 接口设备的控制信号和响应信号及时序信号

　　B. 提供数据信息

　　C. 提供主存、I/O 接口设备的控制信号

　　D. 提供主存、I/O 接口设备的响应信号

5. 在集中式总线仲裁中，（　　　）方式响应时间最快。

　　A. 链式查询

　　B. 独立请求

　　C. 计数器定时查询

　　D. 不能确定哪一种

6. 在菊花链方式下，越靠近控制器的设备（　　　）。

　　A. 得到总线使用权的机会越多优先级越高

　　B. 得到总线使用权的机会越少优先级越低

　　C. 得到总线使用权的机会越多优先级越低

　　D. 得到总线使用权的机会越少优先级越高

7. 在三种集中式总线仲裁中，（　　　）方式对电路故障最敏感。

　　A. 链式查询

　　B. 计数器定时查询

　　C. 独立请求

　　D. 都一样

8. 在计数器定时查询方式下，若每次计数从一次中止点开始，则（　　　　）。

　　A. 设备号小的优先级高

　　B. 设备号大的优先级高

　　C. 每个设备的使用总线机会相等

　　D. 以上都不对

二、填空题

1. 总线的基本特征包括_____、_____和电气特征。

2. 总线的控制方式可分为_____式和_____式两种。

3. 计算机中各个功能部件是通过_____连接的，它是各部件之间进行信息传输的公共线路。

4. 根据连线的数量，总线可分为_____总线和_____总线，其中_____一般用于长距离的数据传送。

5. _____只能将信息从总线的一端传到另一端，不能反向传输。

6. 总线数据通信方式按照传输定时的方法可分为_____和_____两类。

7. 按照总线仲裁电路的_____的不同，总线仲裁有_____仲裁和_____仲裁两种方式。

三、简答题

1. 什么是总线？总线是如何分类的？

2. 串行总线和并行总线有何区别？各适用于什么场合？

3. 什么是总线裁决？总线裁决有哪几种方式？

4. 集中式裁决有哪几种方式？

5. 总线的同步通信方式与异步通信方式有什么区别？各适用于哪些场合？

6. 举例说明有哪些常见的系统总线与外设总线。